KB219750

OKUDAIRA BASE

25세, 도쿄,
1인가구, 월150만원

홀가분하게 즐기는 의식주

오쿠다이라 마사시 지음 | 김수정 옮김

WILLSTYLE

안녕하세요. 오쿠다이라 마사시입니다.

유튜브 채널인 'OKUDAIRA BASE'에 제 일상을 올리고 있습니다. 이 책을 쓰고 있는 현재는 25살, 이제 곧 26살이 됩니다.
저는 도쿄의 31년 된 아파트에서 혼자 살고 있어요. 월세 48만 원에 부엌과 작은 거실이 딸린 이곳에서 매월 150만 원으로 살림을 꾸려나가며 제 나름대로 쾌적한 삶을 즐기는 중입니다.
제 취미는 '살림'.
요리를 하고 빵을 굽고 청소와 빨래를 합니다. DIY로 방을 리모델링하거나 식물을 돌봅니다. 또 집으로 친구와 가족들을 불러 대접하거나 홀로 캠핑을 떠나기도 하지요. 이런 평범한 일상을 보내는 것이 즐겁기만 합니다. 이런 삶의 즐거움을 많은 사람과 공유하고 싶어서 2년 전부터 유튜브에 영상을 올리기 시작했습니다.
가끔 "미니멀리스트인가요?"라든지 "너무 격식을 차리면서 힘들게 사는 것 같아요"라는 말을 들을 때가 있지만 조금 다릅니다. 가능하면 물건을 소유하고 싶지는 않지만, 최소한의 물건만으로 사는 것은 아닙니다. 주방도구와 냄비, 그릇을 무척 좋아해서 많이 갖고 있고, 촬영장비도 그런대로 갖추고 있어요.
매일 아침 육수를 내서 된장국을 만들고, 뚝배기에 밥을 짓고, 피자를 반죽부터 만들어 굽고, 커피 원두를 직접 갈아서 내리지만, 그 모든 것이 재미있어서 하는 것이지 특별히 격식을 차리면서 살려고 의식하고 있는 것도 아닙니다.

일러두기
* 본문의 나이는 만 나이 기준입니다.
* 100엔 = 1,000원으로 환산하여 표기했습니다.

'즐겁게, 무리하지 않고, 너무 애쓰지 않는다'가 제 삶의 모토. 일상을 즐겁게 해주는 물건이라면 많아도 대환영이고, 피곤하다 싶은 날에는 요리도 대충 합니다.
생활을 즐기는 데에는 돈도, 특별한 재능이나 기술도 필요하지 않습니다. 필요한 것은 시간이라고 생각합니다. 하지만 그것은 어떻게 보면 고마운 일인 것 같아요. 시간은 누구에게나 평등하게 주어지는 것이니까요. 저는 제 스타일대로 삶을 즐기고 싶어서 현재의 일하는 방식과 삶의 방식에 도달했습니다.
살림이란 요리와 청소, 세탁과 정리정돈 등 '꼭 해야만 하는 것'입니다. 하지만 그 꼭 해야만 하는 것을 '즐거워서 견딜 수 없는 것'으로 바꿀 수 있다면 매일이, 그리고 인생이 즐거워질 것입니다.
이 책에서는 현재 제 생활방식과 시간을 사용하는 법, 그 배후에 있는 사고방식을 중심으로 소개하고, 영상으로는 아직 공개하지 않았던 유튜버로서의 작업, 가족, 돈, 미래에 대해서도 소개합니다.
이 책이 각자의 장소에서 각자의 모습으로 살아가는 여러분에게 도움이 되고, 더욱 즐겁게 살아가자고 결심하는 계기가 된다면 더없이 행복할 것 같습니다.

차례

점심 시간

저녁 시간

OKUDAIRA BASE 방 배치도

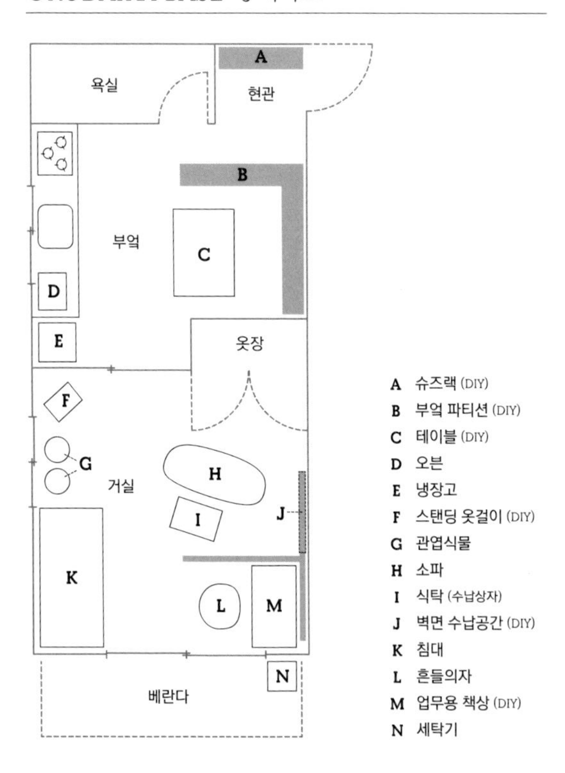

아침 시간

새벽 5시에 시작하는 모닝루틴

새벽 5시에 일어나 차가운 물 한 잔을 마십니다. 제 하루는 이것으로 시작합니다. 찬물을 마시면 마음과 몸이 상쾌해지기 때문에 저는 끓인 물보다는 냉수를 좋아합니다. 잠을 깨워주는 물 한 잔은 계절에 상관없이 정수기에서 바로 받아 마십니다. 물을 마셨으면 바로 평상복으로 갈아입습니다. 집에서 작업할 때가 많으므로 옷차림으로 온오프를 전환합니다. 최대한 물건을 줄이고 싶기 때문에 실내복은 따로 없습니다. 옷을 갈아입은 후 식사 준비에 착수. 아침 준비에 걸리는 시간은 딱 한 시간입니다. 그날 기분에 따라서 빵일 때도 있고 밥일 때도 있어요.
다 먹으면 즉시 뒷정리를 합니다. 더러운 접시와 컵이 남아 있으면 계속 신경이 쓰

눈을 뜨면 가장 먼저 부엌으로
창을 통해 들어오는 다정한 햇빛
애용하는 주방도구들도 아침을 맞이합니다
잠을 깨워주는 물 한 잔

이므로 바로 씻어버립니다. 뒷정리를 마치고 나면 커피를 내리거나 차를 끓여요. 그리고 7시부터 업무 개시입니다. 저는 매일 이 모닝루틴를 지키고 있습니다. 루틴이 무너지는 일은 거의 없습니다. 사생활과 업무가 같은 공간에서 이루어지기 때문에 아침 루틴이 무너지면 그 이후의 일정에 영향을 주기 때문입니다.

일찍 일어나는 습관은 대학교 3학년 때 시작한 서핑이 계기입니다. 당시에는 새벽 4시에 일어나서 5시부터 파도타기를 하고, 그 후에 학교에 갔습니다. 아침에 일찍 일어나면 같은 하루 24시간이라도 몇 배 더 유용하게 쓰고 있는 것 같은 만족감을 느끼기 때문에 지금도 일찍 자고 일찍 일어나려고 노력합니다.

아침을 먹고 나면 어느새 한 시간 반

제가 즐겨 먹는
아침 메뉴입니다

부엌 창으로 쏟아져 들어오는 아침 햇살을 즐기며 느긋하게 요리해서 조용히 먹는 시간은 지극히 행복합니다.
직접 만든 잼을 바른 토스트 1~2장, 채소가 듬뿍 들어간 수프, 나무그릇에 가득 담은 그린 샐러드, 일주일에 한 번씩 저온조리기로 직접 만드는 요구르트, 그리고 달걀프라이. 이것이 우리 집 아침 단골메뉴입니다.
아침을 만들 때 항상 유의하고 있는 것은 효율성을 추구하거나 시간을 단축해서 만들지 않는 것. 요리 하나하나의 공정을 즐기면서 천천히 시간을 들여서 만듭니다.
몇 종류의 채소를 차가운 물로 씻어 숭숭 썰거나, 가스레인지 위에 석쇠를 올리고

요구르트는 종균과 우유로 직접 만들어요

꿀을 듬뿍 뿌립니다

그릇을 고르는 것도 즐거워요

집에서 만든 잼을 발라 맛있게 먹습니다!

빵을 굽거나, 버섯으로 국물을 낸 수프를 만들다 보면 한 시간이 순식간에 지나갑니다. 요리가 완성되면 식탁에 올려놓고 대략 30분에 걸쳐서 천천히 맛봅니다. 아침 식사에 일부러 한 시간 반을 쓴다기보다, 그냥 하는데 그만큼의 시간이 걸리는 것입니다.
하루 중에서 제가 가장 중요하게 생각하는 것이 이 아침 시간. 좋아하는 것으로 하루를 시작할 수 있는 것은 행복 그 자체이자 무엇과도 바꿀 수 없는 것이라고 생각합니다. 매일 하는 일이지만 아침 준비는 아무리 시간이 지나도 질리지 않습니다.
기분 좋은 하루의 시작을 위해 아침 식사는 꼬박꼬박 챙기려고 합니다.

홈메이드 빵으로 만드는 토스트

새벽 5시, 빵이 구워졌어요

남은 것은 한 장씩 랩으로 싸서 냉동실로

잠들기 전에 내일 아침으로 뭘 먹을지 생각하는 시간을 좋아합니다. 빵으로 결정하면 제빵기에 재료를 미리 세팅해 둡니다.
빵은 일주일에 두 번 정도 만듭니다. 여러 번 해 봐서 실패할 걱정이 없는데도 뚜껑을 열 때는 늘 가슴이 두근거립니다. 식빵은 마루주카나아미의 세라믹 석쇠에 올려 가스레인지에서 굽습니다. 양면을 합쳐서 2분 30초 정도. 이 석쇠로 구우면 원적외선 효과로 겉은 바삭하고 속은 폭신폭신하게 완성되어 최고의 맛을 즐길 수 있어요.

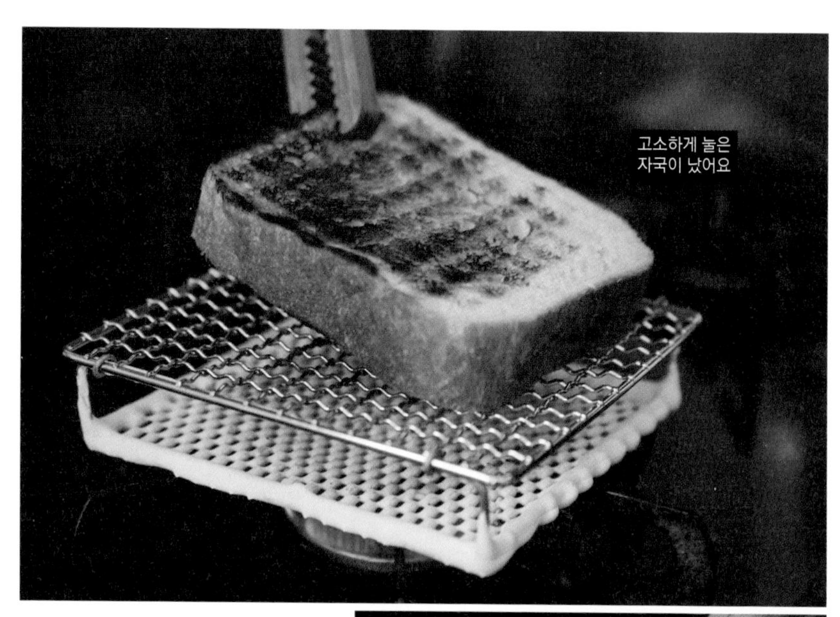
고소하게 눌은 자국이 났어요

빵을 뒤집는 집게는 목공예 작가인 호지마 지로 씨의 작품. 잡기 쉽고 분해해서 구석구석 닦을 수 있는 점이 마음에 듭니다. 얼음 집게인데 다양하게 사용할 수 있습니다.

빵 표면이 부서지지 않게 살며시

달걀프라이는 직접 만든 도자기 프라이팬에

달군 프라이팬에
달걀을 톡

아침 단골메뉴 중 하나가 달걀프라이입니다. 저는 달걀프라이를 할 때 꼭 검정색 도자기 프라이팬을 사용합니다. 일 년 전부터 다니는 도예교실에서 직접 만들었어요. '도자기로 한번 프라이팬을 만들어 볼까' 하고 도전해 봤는데 생각보다 훨씬 좋은 물건이 완성되었습니다. 달걀프라이와 소시지를 구울 때 매일 애용하고 있습니다. 매트한 검정색 유약을 칠해 차분한 느낌으로 완성했기 때문에 식탁에 그대로 올려도 위화감이 없습니다. 열이 전달되지 않도록 손잡이를 길게 만든 것도 포인트입니다.

걸어서 수납할 수 있도록 손잡이 끝에 구멍을 뚫었어요

달걀프라이를 2개 정도 할 수 있는 크기

장보기는 개인 상점이나 무인 판매점에서

최근 새로 산 냉장고는
채소를 그대로 넣을 수 있어요

토마토 수프엔 버섯을 넣어 감칠맛을 냅니다

식재료 구입은 개인 상점이나 무인 판매점, 지역에서 생산된 것을 취급하는 '지산(地産) 마르셰'에서 합니다.

저에게 있어 매일의 장보기는 단순한 식재료 조달의 수단이 아닌 삶의 즐거운 일부입니다. 친해진 매장 직원분들에게 평소에는 잘 사지 않는 식재료를 추천받거나, 맛있게 먹는 법이나 보관법을 배우는 것도 즐겁습니다.

식재료를 선택할 때 중요하게 생각하는 것은 신선도. 특히 채소는 아침에 수확한 것을 구하면 그렇게 기쁠 수 없어요. 유기농에 집착하거나 더 싼 물건을 찾아서 매장 순례를 하는 일은 없습니다.

전에 손님으로 다니던 청과물점에 스카우트 되어서 몇 달 동안 아르바이트를 한 적도 있습니다. 그때 배운 채소 보관법은 지금도 도움이 됩니다.

뿌리채소는 위생 비닐백에 넣은 채로 두면 표면에 물기가 생기면서 상태가 나빠지므로 정기적으로 비닐백에서 꺼내 물기를 닦아줄 것. 잎채소의 신선함을 유지하려면 전체가 쏙 들어가는 큼직한 위생 비닐백에 담은 후에 입구를 막아줄 것. 버섯을 대량으로 샀다면 소분해서 바로 냉동보관할 것 등입니다. 식재료를 소중하게 다루면 요리가 즐거워집니다.

자전거 관리만큼 즐거운 설거지

솔을 이용해서 속까지
깨끗하게 닦습니다

프라이팬은 세제를 묻히지 않고 야자수 솔로 살짝

요리는 좋아하지만 설거지 같은 뒷정리가 싫다는 사람이 많습니다. 하지만 저에게는 설거지도 귀찮은 일이 아니라 자전거 관리나 귀여운 반려동물을 돌보는 것만큼 설레는 일입니다.

그릇과 컵, 냄비, 보울, 세정용 솔과 행주 등, 주방에 있는 모든 물건이 심사숙고해서 고른 소중한 것들뿐이기 때문이지요. 이것들을 하나하나 만지며 설거지를 하는 시간이 견딜 수 없이 즐겁습니다.

뒷정리하는 게 싫다는 분에게 추천하고 싶은 팁은 청소 도구를 엄선해서 고르라는 것. 제가 애용하고 있는 청소도구는 독일 레데커 사의 '밀크보틀 브러시'와 '워싱 브러시'입니다. 밀크보틀 브러시는 솔 부분이 돈모(豚毛)이고, 워싱 브러시는 야자수로 되어있어 둘 다 털이 적당히 단단하며 손잡이가 길어서 손에 더러운 것을 묻히지 않고 깔끔하게 설거지를 할 수 있다는 점이 마음에 들어요.

그릇의 물기를 닦는 행주는 나라(奈良)의 모기장 원단으로 만든 '백설행주'를 사용하고 있습니다. 여러 겹의 천으로 되어 있어 튼튼하고 흡수력도 좋습니다. 쓸수록 부드러워지면서 손에 익숙해집니다.

뒷정리가 좋아지는 또 하나의 비결은 물건을 늘어놓지 않는 것. 조금이라도 청소하기 쉬운 환경을 만드는 것이 중요합니다. 이전에는 주방 조리대 위에 조미료 병을 올려두었는데, 청소하기 힘들고 병에 숨겨진 얼룩도 못 보고 넘어가기 일쑤였어요. 아무것도 놓지 않으니 부지런히 닦게 되었습니다.

싱크대 주변에도 물건이 없기 때문에 물때 제거도 쉽습니다. 또 건조대가 없으니 건조대 본체와 물받이 청소도 할 필요가 없어요. 식기는 세척한 다음 즉시 물기를 닦아 정리합니다.

설거지도
괴롭지 않습니다

수도꼭지 주변은 행주로 닦아냅니다

행주는 사용할 때마다 빨아줍니다

커피를 내리며 업무 스위치를 켠다

커피를 마시기 시작한 지 2년 정도

아침에 천천히 커피를 내리는 일은 마음을 업무모드로 전환하는 중요한 의식입니다. 아침을 먹고 설거지를 마치고 나면 선반에서 커피 원두가 담긴 병을 꺼냅니다.

맛있는 커피를 내리기 위해서는 원두를 고르게 가는 것이 중요합니다. 분쇄 정도가 고르지 못하면 뜨거운 물을 부었을 때 맛도 고르지 않기 때문입니다.

저는 입자의 편차가 적은 '칼리타 나이스컷 G'를 사용합니다. 원두를 갈았으면 드리퍼에 넣습니다. 드리퍼는 'KINTO 브루어 스탠드'를 사용합니다. 스테인리스 제품이라서 커피의 맛 성분이 종이나 천으로 흡수되지 않고 밑으로 전부 내려집니다.

오늘의 기분은 중간 분쇄

직화가 가능한 MORICO 포트
물이 끓으면 불을 끕니다

뜨거운 물을 붓는 방법도 중요한 포인트. 먼저 호흡을 가다듬고 살짝 원을 그리며 소량의 뜨거운 물을 부어줍니다. 커피를 뜸 들이기 위해서 30초 정도 기다립니다. 이 뜸 들이는 작업을 하면 풍미가 완전히 달라진다는 것이 신기합니다.
그러고 나서 뜨거운 물을 중앙부터 천천히 원을 그리듯이 부어줍니다. 거품이 두둥실 부풀어 오른다면 잘 되었다는 신호.
매일 아침 같은 방법으로 내려도 맛이 미묘하게 달라지는 핸드드립만의 느낌이 좋습니다.
제가 커피에 빠진 것은 대학 친구의 영향이 큽니다. 어느 날, 친구가 원두와 커피도구 세트를 가지고 집으로 놀러 왔습니다. 그때 내려준 커피가 너무 맛있었어요. 저도 그렇게 내려보고 싶어서 바로 분쇄기를 검색했고, 그 후로 커피의 매력 속으로 빠져들었습니다.

커피가 맛있게 내려지면
일도 잘 풀리는 것 같아요

좋아하는 원두를 모색 중.
요즘은 진하게 볶은 원두를 이것저것 시험해보고 있어요

저는 한 번도 회사에 근무해 본 경험이 없습니다. 22살 때 아이치현에 있는 대학을 졸업하고 도쿄 디자인 전문학교 야간부에 입학했습니다. 작년 2월에 전문학교를 졸업한 후에는 어디에도 취직하지 않은 채 몇 가지 아르바이트를 거쳐 지금은 유튜버로 활동하고 있습니다.
대부분의 업무는 집에서 하고 있습니다. 업무와 의식주를 좁은 공간에서 해야만 하므로 공사의 구분을 상당히 중요하게 생각합니다.
일단 일과 생활의 리듬이 깨지면 즉각적으로 업무 결과에 영향을 주기 때문입니다. 영상의 질이 떨어지면 시청자와 고객의 신뢰를 잃습니다. 그 결과 수입을 잃게 될 수도 있습니다.
제가 평소 일이나 생활을 하면서 유념하는 것이 세 가지 있습니다.

하나

균형 잡힌 식생활

매일의 식생활을 잘 조절하여 좋은 컨디션을 유지하는 것은 사회인의 기본이라고 생각합니다. 특히 프리랜서에게 건강은 중요합니다.
혼자 살기 시작했을 때부터 채소는 듬뿍, 고기와 생선도 균형 있게 먹으려고 노력했습니다. 프리랜서로 일을 하게 되면서는 더욱 식생활에 신경을 쓰게 되었습니다.
식생활의 균형을 유지하면서 자연치유력이 올라갔는지, 컨디션이 나빠지거나 감기에 걸려도 하룻밤 자고 나면 반드시 회복하게 되었습니다.
20대인 지금은 다소 무리해도 괜찮을지 모르지만, 나이를 먹을수록 결국은 그 대가를 치러야 한다고 생각합니다. 의료비와 약값도 만만치 않습니다.

둘

일어나는 시간보다 수면시간을 지킨다

수면시간은 7시간으로 정했습니다. 밤 10시쯤 이불에 들어가서 새벽 5시에는 일어납니다.
친구가 놀러 오거나 업무 미팅이 길어져서 잠드는 시간이 늦어졌을 때는 그만큼 일어나는 시간을 늦춥니다.
학생 때 과제에 쫓기면서 단기로 심야 아르바이트를 했을 때는 2~3시간만 자거나 이틀 연속으로 밤을 새운 적도 있었어요. 그때는 집중력이 떨어져서 과제 제작도

제대로 하지 못했습니다. 밤을 새우면 반드시 컨디션도 무너집니다. 지금은 일과 건강을 위해서 수면시간을 확실하게 확보하려고 합니다. 8시간 이상 자면 오히려 몸이 개운하지 않기 때문에 저에겐 7시간 수면이 맞는 것 같습니다.

셋

10분 이내에 할 수 있는 집안일을 업무시간 중에 끼워 넣는다

근무시간이 정해져 있는 것은 아니므로 마음이 동하면 제한 없이 일하게 됩니다. 또 집에서 혼자 일하기 때문에 긴장을 늦추면 질질 끌게 됩니다.
그 대책으로 10분 이내에 할 수 있는 집안일을 업무 틈에 끼워 넣었습니다.
제 집중력 지속시간은 30분~1시간 정도. 집중력이 떨어지는 타이밍에 화분에 물을 주거나 간식을 만들거나 냄비나 접시를 다시 배열합니다. 또는 조미료를 정리하거나 빨래를 널거나 바닥을 닦는 등의 소소한 집안일을 합니다. 일이 막힐 때는 방을 환기하거나 10분 정도 근처를 산책하기도 합니다.
업무 중에는 컴퓨터 앞에 계속 앉아 있게 됩니다. 장시간 같은 자세로 있으면 혈류가 나빠져서 몸이 굳어버리므로 자주 움직여서 몸을 편안하게 해주고 피로도 회복시킵니다. 일도 잘되고, 건강에도 좋고, 집까지 기분 좋게 정리되는 10분 집안일은 진정한 일석이조입니다.

규칙적인 생활은 나를 지키는 수호신

프리랜서는 자신의 생활을 스스로 지켜야만 합니다. 오랫동안 일을 지속하기 위해서는 식생활 조절과 수면시간 확보를 통해 늘 건강을 유지하고, 기분을 전환하면서 일의 정확성과 효율을 높여 항상 퀄리티 높은 결과물을 만들어 내는 것이 중요합니다.
규칙적인 생활을 하는 것은 현재의 나와 미래의 나를 지켜주는 수호신이라고 생각합니다.

프리랜서의 하루

— 유튜버의 시간관리법 —

(아침)

05:10 기상

부엌 창문을 열고 아침 공기를 맡습니다.

05:15 아침 만들기

밥으로 먹는 날에는 육수와 쌀을 바로 불에 올립니다.

06:15 아침 먹기

오늘은 스킬렛 팬에 팬케이크와 더치베이비를 만들었어요.

06:45 업무 준비

설거지와 뒷정리를 마치고 커피를 내립니다.

07:00 업무 개시

오늘은 영상 편집입니다. 내일 업로드 예정.

08:00 화분 물주기

집중력이 떨어지기 시작하면 선인장에 물주기.

(점심)

12:00 점심 시간

점심을 만드는 데 20분, 먹는 데 30분. 오늘은 토마토 파스타입니다.

13:00 업무 재개

오후에는 주방도구 도안을 그립니다.

14:00 간단한 집안일

업무 중 틈을 봐서 빨래를 널어줍니다.

14:10 도안 그리기

도안 그리기 계속. 올해 발매 예정인 〈오쿠다이라 스푼〉입니다.

15:00

간식시간

어제 만든 슈크림과 커피로 한숨 돌리기.

15:20

영상편집

영상 편집 재개. 완성이 눈앞에 있습니다.

16:00

간단한 집안일

바닥 닦기로 기분전환. 슥슥 소리가 기분 좋아요.

16:10

영상편집

마지막 체크. 예정대로 내일 업로드 됩니다.

17:00

달리기

업무를 끝내고 달리기 및 저녁 찬거리를 사러 갑니다.

18:00

샤워

집에 돌아와서 샤워를 하고 머리를 말립니다.

18:45

샤워 후에 한잔

소송채와 바나나 스무디를 만들었습니다.

19:00

저녁 만들기

오늘은 채소가 듬뿍 들어간 토마토 전골.

20:30

저녁 자유시간

저녁에는 아마존 프라임에서 영화를 봤습니다.

22:00

취침

내일 아침에 쓸 육수용 다시마와 쌀을 물에 담가 놓고 자러 갑니다.

DIY로 만든 작업공간

생활 속에선 시간단축이나 효율성을 찾지 않지만 일을 할 때는 속도와 기능성을 추구합니다.
5평 정도인 거실 한쪽 구석의 0.5평 정도를 작업공간으로 사용합니다. 업무용 책상은 DIY로 만들었습니다. 필요로 하는 공간과 제 키에 맞춰서 저에게 딱 맞는 사이즈로 만들고 싶었기 때문입니다(가로 120cm, 세로 56cm, 높이 70cm). 재료는 인테리어용품 전문점에서 구입한 뒤 매장에서 잘라 와서 제가 직접 조립했습니다.
책상 위에는 컴퓨터와 키보드, 터치패드 이외에는 물건을 올려놓지 않습니다. 불필요한 물건이 있으면 정신을 빼앗겨서 집중하기 힘들기 때문입니다. 같은 이유로

전기코드도 벽 뒤로 숨겨서 시야에 들어오지 않게 했습니다.
의자는 중고가구점에서 구입한 흔들의자를 쓰고 있습니다. "일을 흔들의자에 앉아서 한다고?"라고 많이 놀라시는데, 앉는 면이 제 몸과 착 맞아서 앉았을 때 느낌이 무척 좋습니다. 키보드와 터치패드를 조작할 때도 딱 좋은 높이입니다. 일할 때는 등받이는 쓰지 않습니다.
작업공간은 철망 파티션으로 구분했습니다. 철망을 고정해 주는 기둥과 벽도 DIY로 만들었어요. 전체를 벽으로 하지 않고 철망을 쓴 것은 남쪽 창문으로 들어오는 햇빛이 방 전체에 닿길 원했고, 거실 쪽에서 봤을 때 방이 넓어 보이도록 하고 싶어서입니다.

하고 싶은 것은 '일상의 전달'

제가 지금 하는 일은 영상 제작이 메인입니다. 영상 제작 중 60%가 저의 일상을 영상으로 찍은 후에 편집하여 유튜브에 올리는 것. 나머지 40%가 기업에서 의뢰받은 영상 제작입니다.

의뢰받은 작업은 그 기업의 주방도구를 사용하여 지정된 레시피를 기본으로 요리해서 그릇에 보기 좋게 담아 촬영 및 편집하는 것으로, 일주일에 2개 납품하고 있습니다.

이 일은 그 회사 측에서 제 유튜브를 보고 제안을 주신 것이 계기가 되어 시작됐습니다. 당시는 학교를 졸업하기 직전이었는데, 단기 아르바이트를 하면서 영상을 올리고 있었습니다.

제가 좋아하는 요리와 영상 제작, 그것도 정기적인 일이라는 점이 매력적이었지만 맡아야 할지 꽤 고민했어요.

학교를 졸업하면서 과제에 쫓기던 생활에서 겨우 해방되자 '좋아, 이제부터는 내 생활을 철저하게 즐기는 거야'라는 생각이 들었습니다. 요리와 빵 만들기, 필요한 도구와 냄비 갖추기, 도예를 배워 그릇 만들기, DIY로 선반과 벽 만들기 등 하고 싶은 것이 넘쳤습니다.

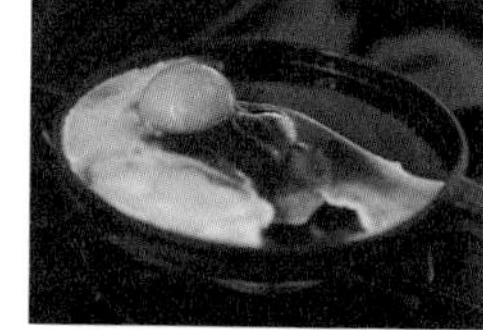

저는 제 페이스대로 생활을 즐기고 싶었기 때문에 취직이라는 길을 선택하지 않았습니다. 그런데 정기적으로 납품일이 정해져 있는 일을 맡아버리면 업무에 쫓기게 되어 가장 소중하게 생각하는 생활을 즐길 수 없게 되는 것이 아닐까 하는 생각이 든 것입니다.

회사 측에서는 "영상은 오쿠다이라 씨의 세계관으로 마음대로 만들어주세요"라고 전적으로 맡겨주셨습니다. 영상 촬영과 편집은 제가 무척 좋아하는 일입니다. 내가 좋아하는 세계관으로 만들어도 괜찮다면 잘 궁리만 하면 생활을 즐기면서도 가능할지 몰라, 이렇게 생각하고 맡기로 했습니다.

그 후에도 몇 군데의 기업에서 영상 제작 의뢰를 받았지만 모두 거절했습니다. 제가 하고 싶은 것은 '일상의 전달'이라고 다시 한번 깨달았기 때문입니다.

내가 만족할 만한 퀄리티를 유지하기 위해서

“프리랜서인데 일을 거절하다니 유튜버로 수익을 올릴 자신이 있나 보네”라는 말을 들을 때도 있지만 그런 것은 아닙니다.

유튜버로 수익을 올리게 된 것은 결과일 뿐, 처음부터 유튜버가 되려고 생각했던 것은 아닙니다. 당시에는 일단 ‘일상은 이렇게 즐겁다’라는 것을 어떠한 형태로든 많은 사람들에게 전달하고 싶었어요. 처음에는 유튜브가 아닌 인스타그램에 올렸습니다.

당시엔 주 4일 아르바이트로 생활하고 있었습니다. 일하는 날수를 제한했던 것은 그 이상으로 일하면 나다운 생활을 유지할 수 없다고 생각했기 때문입니다. 우선 저의 삶을 즐기는 것이 전제입니다. 그러려면 돈의 여유보다 시간의 여유가 필요하다고 생각했습니다.

즐거운 일상의 전달은 시간에 쫓겨서는 할 수 없습니다. 만약 마감에 쫓기면서 영상을 만든다면 수선스러운 마음이나 어수선한 분위기가 반드시 보는 사람에게 전달될 것입니다.

만족할 수 있는 퀄리티의 작품을 만들어 내기 위해서는 반드시 시간적인 여유가 필요합니다.

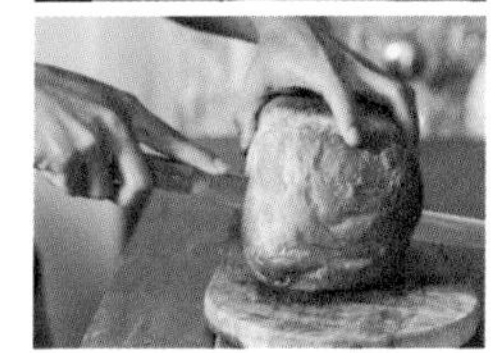

단순히 마감에 맞춰 모양만 갖추는 건 길게 보면 의뢰해 준 기업이나 영상 시청자들의 신뢰를 잃게 된다고 생각합니다.

지금 저는 학창시절부터 하고 싶었던 주방도구 디자인과 오리지널 커피 개발도 하고 있습니다. 둘 다 제가 날마다 올리는 영상을 보고 기업 쪽에서 연락을 주시면서 시작되었습니다. 좋아하는 생활에 열중하고 있었더니 그 생활이 멋진 일을 가져다준 것입니다.

앞으로도 온 힘을 다해서, 하지만 제 속도대로 삶을 마음껏 즐기면서 제 일상을 영상으로 올리고 싶습니다.

장남이니까 다른 지방으로 가는 것은 안 돼!

저는 사형제 중 장남입니다.
집안은 늘 소란스러웠고, 저만의 방이나 아무에게도 방해받지 않는 시간을 어릴 때부터 꿈꿔왔습니다.
초등학교 고학년 때부터 고등학교 때까지 제가 열중했던 취미 중 하나가 방을 바꾸는 것이었습니다. 바로 아래 동생과 함께 쓰던 방 한가운데에 이층침대를 놔서 공간을 분리하기도 하고, 다른 가족의 방과 우리 방을 가구째로 바꾸기도 했습니다. 반년마다 반복되는 이런 작은 이사로 소란을 피우는 저에게 가족들은 어이없어하면서도 협조해 주었습니다.
고등학교 3학년이 되어 진로를 결정할 무렵, 저에게는 양보할 수 없는 꿈이 있었습니다. 그건 고향인 아이치를 벗어나 혼자 살아보는 것이었습니다. 부모님께 슬며시 제 뜻을 전달했지만, 장남이 다른 지역으로 가는 것은 안 된다고 퇴짜를 맞았습니다. 그래서 같은 현에 있지만 집에서 통학하기에는 무리인 대학을 찾아 입학하는 데 성공했어요. 생활에 필요한 돈은 학자금대출을 이용했습니다.
꿈의 자취방은 바다에서 도보로 5분 거리에 있는 방 하나에 부엌이 딸린 작은 아파트였습니다. 주변에 놀러 갈만한 곳이 없어서 할 수 있는 것이라고는 해변 산책과 집안일뿐이었습니다.

몹시 싫어했던 집안일

사실 부모님과 함께 살던 때는 집안일을 정말 싫어했어요. 아버지와 어머니, 저와 세 명의 동생. 이렇게 여섯 식구였기 때문에 장남인 저는 필연적으로 집안일을 도와야 했습니다. 6인분의 설거지를 하거나 빨래를 널거나 개고 목욕탕 청소를 하는 것은 따분함 이외에는 아무것도 아니었습니다.
그런데 혼자 살기 시작하면서 달라졌습니다. 저 한 사람 분량의 집안일을 하게 되자 요리를 하고 설거지와 청소를 하거나 빨래를 하는 작업 하나하나와 차분히 마주하게 되었고, 어느새 집안일이 즐거워서 견딜 수 없을 정도가 되었습니다.
저의 방 꾸미기의 기원도 이맘때쯤으로 거슬러 올라갑니다.
당시는 해변을 산책하는 것이 일과였는데, 주위에 많은 유목들이 올라와 있었습니다. 평소에는 신경도 안 썼는데 어느 날 마음을 끌어당기는 유목과 만났어요.
오브제로 쓸 수 있을까 싶어 집으로 가져왔고 방에 장식했습니다. 그 후로 서서히 발전해서 정신을 차려보니 유목으로 협탁과 조명 스탠드를 만들고 있었습니다. 직접 가구를 만드는 사이에 인테리어와 방에도 관심을 갖게 되었습니다.

유목으로 만든 나의 첫 작품

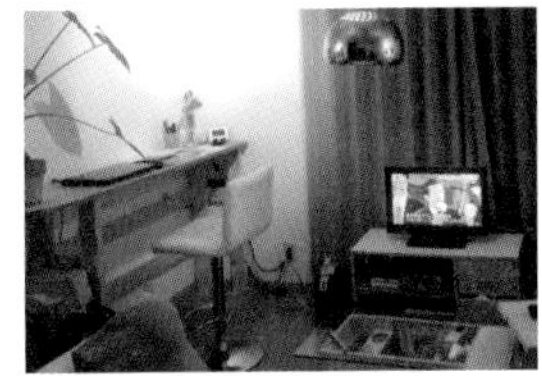
잡지에 실렸던 방입니다.

방에 관심이 생기면서 청소와 정리정돈이 절로 즐거워졌습니다. 제 나름대로 꾸민 집에는 당연히 친구를 초대하고 싶어졌습니다. 친구를 대접하기 위해 요리도 만들게 되었고요. 놀러 온 친구는 제가 사는 모습을 칭찬해 주었고, 저는 더욱더 방 꾸미기에 힘쓰게 되었지요. 이 반복으로 완전히 살림이 취미가 되어버렸습니다. 제가 꾸민 방이나 일상을 사진이나 동영상으로 찍어 인스타그램에 올리게 된 것도 이 무렵부터입니다.

맹렬하게 반대하는 아버지를 설득

대학교 1학년 여름방학. 본가에 내려온 저는 부모님께 대학을 졸업한 후 도쿄의 전문학교에 들어가서 디자인을 공부하고 싶다고 말씀드렸습니다. 요리와 방 꾸미기에 빠져 있던 저는 인테리어와 공간디자인, 가구와 주방도구 디자인에 흥미를 갖게 된 상태였습니다.

“대학에서 어렵게 복지경제를 공부해 놓고는 전공과 완전히 다른 분야를, 그것도 도쿄로 가서 하겠다니 도대체 무슨 소리를 하는 거냐”라는 아버지의 맹렬한 반대에 부딪혔습니다. 여름방학 동안 다양한 방법으로 아버지를 설득해 보려고 했지만 아버지의 마음을 움직일 수 없었습니다.

그해 가을, 어떤 잡지에서 인스타그램을 통해 제 방의 인테리어를 취재하고 싶다는 연락이 왔습니다. 저는 많은 사람들과 생활의 즐거움을 공유하고 싶었기 때문에 흔쾌히 취재에 응했습니다.

같은 해 겨울, 아버지에게 그 잡지를 보여드렸더니 아무 말씀 없이 그냥 페이지를 넘겨보셨습니다. 그때 아버지가 어떤 생각을 하셨는지는 모르겠어요. 다만 아버지가 그 후로 저의 도쿄행을 반대하지 않으셨습니다.

최근에 와서야 그때 어떤 마음이셨는지 아버지께 여쭤봤어요. 디자이너라는 경쟁도 치열하고 뜬구름 잡는 것 같은 직업으로 먹고살 수는 있겠나 걱정했지만, 잡지에 실린 제 방의 모습을 보고 진심이구나 라는 생각이 들어서 지켜보기로 하셨다고 합니다. 지금 제가 이렇게 활동할 수 있는 건 결국에는 제 뜻대로 하게 해주신 부모님 덕분입니다.

아침을 만들며 마음과 생활의 리듬을 조절한다

뚝배기에 밥을 지은
일본식 정식 완성

마음과 생활 리듬이 흐트러진 것 같을 때 저는 아침으로 일식을 만듭니다.
육수 내기, 뚝배기에 밥 짓기, 나물을 너무 무르지 않게 데쳐 얼음물에 넣고 재빨리 풀어주기, 김발을 이용해 달걀말이 모양 다듬기, 생선 껍질을 고소하게 굽기.
이 일련의 작업을 집중해서 하다 보면 신기하게도 호흡이 깊어지고 마음이 차분해집니다. 공원에서 아무 생각 없이 놀던 어린 시절의 천진난만했던 나로 돌아간 것 같아요.
음식을 만들면서 채소의 선명한 색을 보거나, 된장국 냄비뚜껑을 열었을 때 풍기는 냄새에 황홀함을 느끼거나, 뚝배기에서 피어오르는 김이나 투명한 얼음을 참

예쁘다고 생각하며 가만히 보고 있으면 오감이 모두 활동하기 시작합니다.
요리는 대학에 들어가 혼자 살기 시작한 18살 때부터 본격적으로 하게 되었어요. 인터넷 정보를 중심으로 독학으로 만드는데, 기본을 확실히 파악한다는 의미로 오렌지페이지의 <The 기본 200>이라는 책도 참고하고 있습니다. 인터넷이나 책 레시피를 그대로 만드는 것이 아니라 제 스타일로 변경해서 만듭니다.
"아침부터 그렇게 먹어요?"라는 질문을 자주 받는데, 부모님과 함께 살 때부터 아침을 든든히 먹으면 하루의 성과가 다르다는 걸 실감했기 때문에 아침은 잘 먹으려고 합니다. 너무 많이 만들었을 때는 저녁이나 다음 날 아침으로 먹어요.

육수에 대한 고집. 육수와 커피는 닮았다

물에 담가 우려낸
다시마만으로도 맛있어요

깔끔하고 맑은 다시마 육수 완성

제가 요리에 쓰는 육수는 리시리 다시마로 우려낸 다시마 육수와 가다랑어포로 우린 가츠오 육수를 섞은 다시마&가츠오 육수입니다. 처음 우린 육수로 아침에 먹을 된장국을 만들고, 두 번째 우린 육수로는 저녁에 먹을 찌개나 조림을 만듭니다.

아침에 전날 밤 다시마를 담가둔 육수 냄비를 불에 올리면 다시마에서 아른아른 거품이 올라옵니다. 재빨리 다시마를 꺼내주고, 끓기 시작하면 가다랑어포를 아끼지 않고 듬뿍 넣어줍니다.

다시 끓는 타이밍에 재빨리 불을 끄고 무명천으로 차분하게 걸러줍니다.
전에는 종이로 된 커피 필터로 걸렀는데 무명천으로 바꿨더니 육수의 맛이 부드러워졌습니다. 일회용이 아니라서

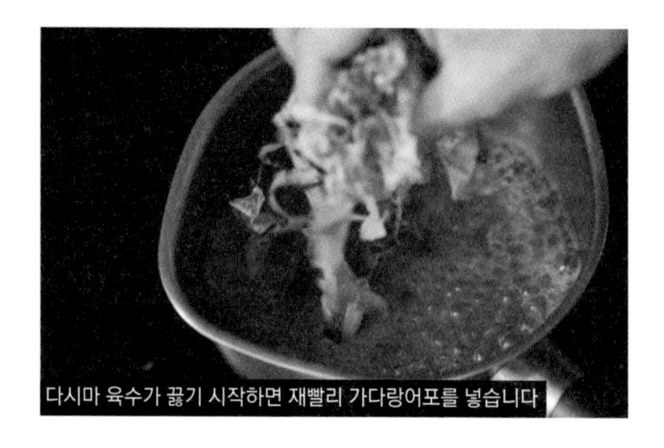
다시마 육수가 끓기 시작하면 재빨리 가다랑어포를 넣습니다

반복해서 쓸 수 있다는 점도 마음에 듭니다. 흰 무명천을 사용하고 빨아서 말리는 작업도 기분 좋습니다.

육수는 두 번까지만 우려냅니다. 그리고 걸러낸 다시마와 가다랑어포는 버리지 않고 밑반찬을 만듭니다.

다시마를 설탕, 간장, 요리술로 재빨리 볶은 다음 가다랑어포와 섞어주면 따끈따끈한 밥과 잘 어울리는 반찬이 완성됩니다. 이런 간단한 반찬이 하나 준비되어 있으면 마음이 놓입니다.

육수를 내는 것과 커피를 끓이는 것은 많이 닮았습니다. 둘 다 마음을 가다듬고 하루를 시작하기 위한 스위치로, 눈앞의 일을 피하지 않고 마주한다는 일과 생활의 기본을 떠올리게 해줍니다.

급하게 서두르면 육수와 커피 모두 맛이 없기 때문에 자신의 상태를 속일 수 없다고 생각합니다.

육수를 거르는 순간
풍부한 향이 피어오릅니다

다시마도 가다랑어포도

우려낸 찌꺼기까지 다 먹습니다

리시리 다시마와 우리 동네의 물

그동안 육수를 낼 때 홋카이도의 라우스 다시마를 사용해 왔습니다. 그러던 어느 날 리시리 다시마를 쓰게 되었고, 그 육수로 된장국을 끓였더니 그 맛의 차이가 놀라웠습니다. 깊이 있고 잡내가 없는 감칠맛이 입안 가득 서서히 번졌습니다.

향이 풍부하고 맑은 육수가 나옵니다

맛이 강하지 않아 요리를 돋보이게 해줍니다

감격해서 어느 분에게 이야기했더니 "다시마와 수돗물의 경도 궁합이 잘 맞는 것이 아닐까요?"라고 하셨어요. 찾아보니 라우스 다시마는 경수와 궁합이 좋고, 리시리 다시마는 연수와 궁합이 좋다는 것을 알게 되었습니다.

말할 것도 없이 우리 동네 수돗물이 도쿄에서는 드문 연수였던 것입니다. 리시리 다시마는 연수로 육수를 내면 감칠맛이 듬뿍 추출된다고 합니다.

무명천은 니혼바시의 주방용품점인 키야에서 구입

그릇을 만질 때마다 느끼는 기쁨

아이치 출신인 저에게 있어서 된장은 당연히 진한 붉은 된장이었습니다. 어릴 때부터 친숙하게 먹어 온 마루야의 핫쵸미소. 지금도 이 된장을 사용하고 있어요.
된장국을 담는 그릇은 소노베 산업의 나무그릇.

된장국은 야나기소리의 작은 냄비에

통통한 둥근 모양이
더없이 좋아요

너도밤나무를 도려내어 만든 것으로 부드러운 촉감과 아름다운 곡선에 반했습니다. 가격이 4만 원으로 비싸긴 했지만 거의 매일 사용하는 물건이니 최대한 좋은 것을 고르고 싶어서 과감하게 구입했습니다.

매장에 있는 그릇을 전부 꺼내서 감촉과 나무결을 비교해 보고 '바로 이거야!'라고 생각한 하나를 선택했습니다.

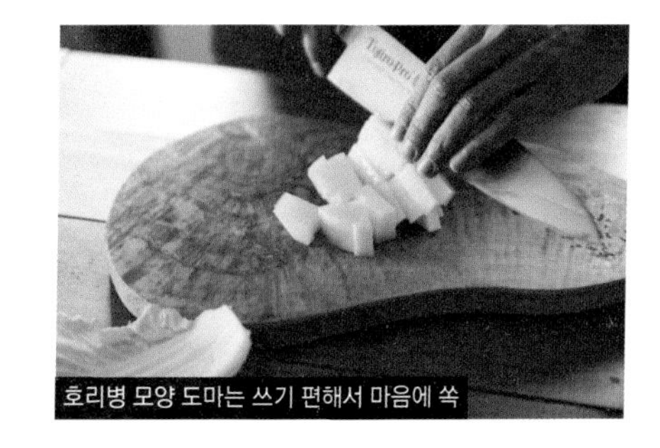
호리병 모양 도마는 쓰기 편해서 마음에 쏙

뚝배기에 밥을 짓는 약간의 불편함이 즐거워

1년쯤 전부터 전기밥솥을 없애고 뚝배기에 밥을 지어 먹습니다.
전기밥솥은 스위치 하나로 매일 완벽한 밥을 할 수 있지만, 뚝배기는 그렇게 만만하지 않습니다. 그래서 뚜껑을 열 때마다 어떤 상태로 완성되었을지 두근두근. 같은 방법으로 한 것 같은데 부드러울 때도 있고 딱딱할 때도 있습니다. 표면에 숨구멍이 송송 생기기도 하고 그렇지 않을 때도 있는 등 언제나 미묘하게 다릅니다.
원래 맛이라는 건 그날의 컨디션이나 기분, 전날 저녁에 먹은 음식, 날씨에 따라서도 달라지는 것 같습니다. 그러니까 손대중 하나로 그때의 내 입맛에 딱 맞는 밥이 지어졌을 때의 감동은 이루 말할 수 없습니다.

초록색 법랑용기가 쌀통
전날 밤부터 물에 담가둔 현미
현미의 고소한 냄새가 나요
오늘은 부드럽게 완성됐을까?

게다가 실패해도 괜찮습니다. 다음에 만들 때의 경험이 되고, 요리를 만드는 그 과정이 즐거우니까 말이지요.
제가 사용하고 있는 것은 나가타니엔의 '가마도상'이라는 직화 뚝배기 밥솥. 원적외선 효과가 있는 유약을 사용한 점, 이중 뚜껑이 압력솥의 기능을 하고 있는 점, 두꺼워서 보온성이 뛰어난 점, 이가 지방 특유의 숨 쉬는 흙으로 만들어진 점 등이 선택의 결정적인 요인이었습니다. 인터넷으로 검색해 보니 사용하는 분들의 평도 아주 좋았습니다.
매일, 조금은 불편하고 궁리할 여지가 있는 것. 같은 일을 반복하지만 조금씩 결과가 다른 것. 저는 그런 생활에서 즐거움과 기쁨을 느끼는 것 같습니다.

달걀말이의 추억

갓파바시에서 산 달걀말이 팬
정사각형은 관동지방 스타일이라고

신선한 달걀 2개

달걀말이는 제가 태어나서 처음 해본 요리입니다. 어른이 된 지금도 자주 만들어요.
초등학교 2학년 때 두 살 위인 옆집 형이 만들어준 달걀말이가 맛있어서 엄마를 졸라 달걀말이 팬을 샀습니다. 도구부터 준비하는 것은 어릴 때부터인가 봅니다. 스스로 달걀말이를 만들 수 있는 것이 신나서 거의 매일 달걀말이를 만들어서 가족과 친구들에게 대접했습니다. 제가 지금 의욕적으로 요리를 하는 것은 그때 주변 사람들이 '맛있네, 맛있어'라고 칭찬해준 덕분인지도 모릅니다.

최근에는 이웃 아주머니께서 "그때 그 달걀말이, 사실은 무지 짰어"라고 웃으면서 알려주셨어요.
요즘 사용하는 것은 정사각형 달걀말이 팬. 달걀을 조금씩 익혀서 말아주고 김발로 모양을 다듬어 마무리합니다.

우유와 설탕을 약간

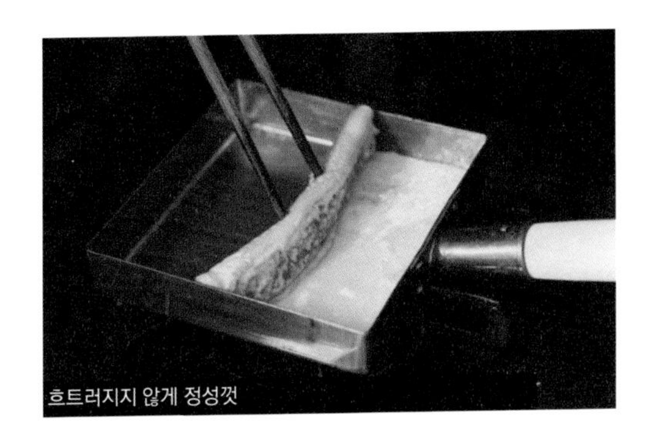
흐트러지지 않게 정성껏

대나무 김발은 니혼바시의 조리도구 전문점인 키야에서 구입한 것. 김발의 겉모양과 감촉이 좋아서 바로 사고 싶었지만, 과연 나 혼자 먹는 달걀말이를 김발로 다듬을 필요까지 있을까 조금 망설였습니다.

폭신폭신한
식감으로 완성

기분 좋은 대나무의 촉감

하지만 내가 원하는 것은 수고를 줄이는 것이 아니라 즐겁게 사는 것.
모양을 다듬는 작업 그 자체가 즐겁고, 아름답게 완성된 달걀말이는 그만큼 더 맛있게 느껴질 것입니다. 역시 내 생활에는 필요한 물건이라고 판단하여 구입했습니다.

어릴 때부터 친숙한 신시로 차

컵은 초등학교 2학년 때
도예교실에서 만든 것

제가 커피를 마시게 된 것은 2년 정도밖에 되지 않았습니다. 그때까지는 오로지 녹차를 마셔왔어요. 차에 관한 책을 읽고, 여행지에서는 반드시 그 지역의 차를 구입해 맛을 비교해 보곤 했습니다.

현재 일상적으로 마시는 것은 '신시로 차'. 아이치현 신시로시에서 생산된 '센차(煎茶)'인데, 엄선하여 그해 처음으로 딴 차입니다. 센차만의 깊은 맛과 향을 즐길 수 있어요. 다양하게 시도해 본 결과, 결국은 어릴 때부터 마셔 온 이 차로 정착했습니다.

차를 끓이는 찻주전자는 이와츄의 남부철기 '철병 9형 히라마루 아라레 흑소첨부' 입니다. 인스타그램에서 팔로우하는 멋진 분들이 몇 분 있는데, 그분들이 쓰시는

이 존재감 그 자체로 그림이 됩니다

걸 보고 저도 선택했어요.

갑옷 같은 외관과 매트한 질감, 잘 식지 않는 점이 마음에 듭니다. 무거운 뚜껑을 닫을 때 나는 짤그랑 소리도 좋습니다. 철분을 조금이라도 섭취할 수 있는 점도 좋고요.

신시로 차는 오차즈케(녹차밥)를 만들 때도 아주 잘 맞습니다. 특히 궁합이 잘 맞는 것은 연어 오차즈케로, 연어의 비린 맛을 차의 풍미가 잡아줍니다. 작은 사치를 부리고 싶을 땐 처음 우린 것과 반반씩 섞어주면 더욱 맛있어집니다. 작년, 어느 텔레비전 프로에 출연했을 때 이 메뉴를 소개했더니 많은 분들의 호평을 받았습니다. 사회자인 나카이 마사히로 씨와 모토 후유키 씨는 촬영이 끝난 후에도 맛있다면서 드셨습니다.

나뭇가지로 장식하는 집

얼마 전부터 방에 나뭇가지를 장식하기 시작했습니다.

계기는 어느 원예 매장 직원분에게 추천받았기 때문입니다. 전에 그 매장에서 관엽식물을 구입한 후 산책 도중에 자주 식물을 보러 갔더니 가게 점원분과 수다를 떠는 사이가 되었습니다.

꽃이 아니라 나뭇가지를 선택한 것은 관리하기 쉽고 오래갈 것 같았기 때문입니다. 실제로 가지 하나를 사면 약 2주간은 즐길 수 있어요. 다만 생각보다 관리가 쉽지 않았습니다.

매일같이 꽃잎과 잎이 떨어져서 의외로 손이 가고 성가셨어요. 하지만 지금은 그런 것도 괜찮다고 생각합니다.

초봄에는 흰 조팝나무 꽃으로

벚꽃을 꽂으면 화려한 분위기로

꽃병은 스웨덴 제품

물은 2~3일에 한 번 정도 갈아줍니다. 깜빡하고 잊어버려서 물이 탁해진 것을 보면 '물의 더러움은 내 마음의 더러움'이라고 반성합니다.

언제나 가까이에서 볼 수 있도록 이동할 땐 꽃병을 함께 이동시키기도 합니다.

점심 시간

점심은 12시부터 1시까지. 업무는 5시에 마무리

점심시간은 12시부터 1시로 정했습니다. 회사에서 근무하는 것도 아니므로 특별히 정해진 시간에 먹지 않아도 되지만, 일과 생활의 정확도를 유지하기 위해서 정시를 지킵니다.

20분 정도 걸려 점심을 만들고, 30분간 먹고, 남은 10분 동안 설거지를 합니다.

점심 메뉴는 간단하게 한 접시로 끝낼 수 있는 것이 대부분. 그 대신 채소를 듬뿍 먹으려고 합니다. 탄수화물과 채소를 한 번에 먹을 수 있는 파스타나 향신료 카레를 만들 때가 많습니다.

점심은 아침과 다른 기분으로 먹고 싶어서 거실 공간의 테이블이나 업무 책상에서

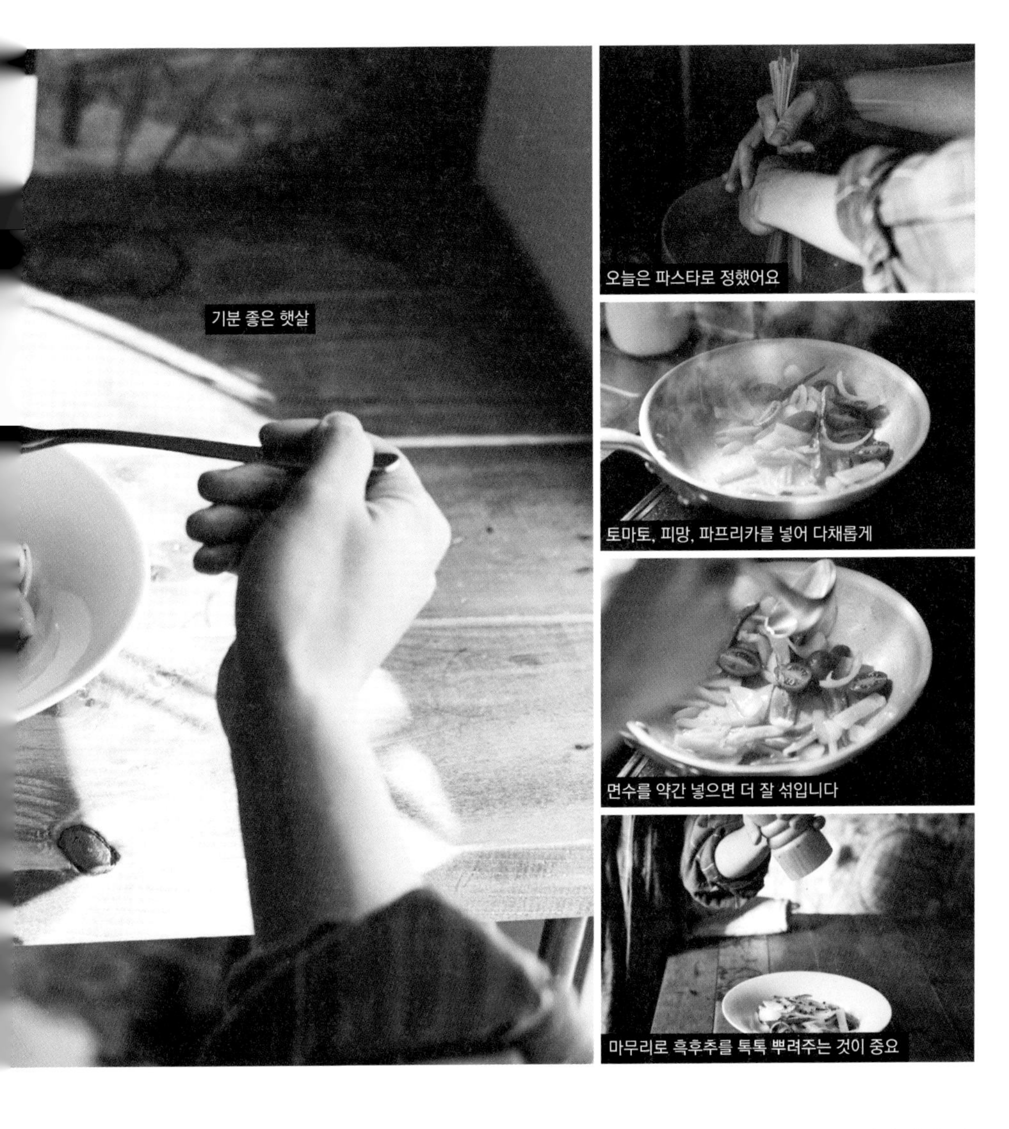

먹습니다. 컴퓨터로 영화를 보면서 먹을 때도 있습니다. 업무가 바쁠 때는 업무 책상에서 빨리 끝냅니다.

오후 1시부터 업무 재개입니다. 제 일의 절반 이상은 일상 영상을 올리는 것이므로 집안일이나 정리정돈, 방 꾸미기를 위한 DIY 등이 영상 내용의 중심입니다.

업무용 책상에 앉아 영상을 편집하거나 전화 미팅을 하거나 주방도구 디자인을 생각합니다. 집에서 하는 작업이 대부분이지만 가끔은 미팅을 위해서 외출할 때도 있습니다.

업무를 끝내는 것은 해가 지는 5시쯤. 이르다고 생각할지 모르지만, 아침 7시부터 점심시간 1시간을 빼고는 계속 일하기 때문에 하루 9시간의 노동입니다. 의외로 많이 일하고 있어요.

일상 유튜버가 일하는 법

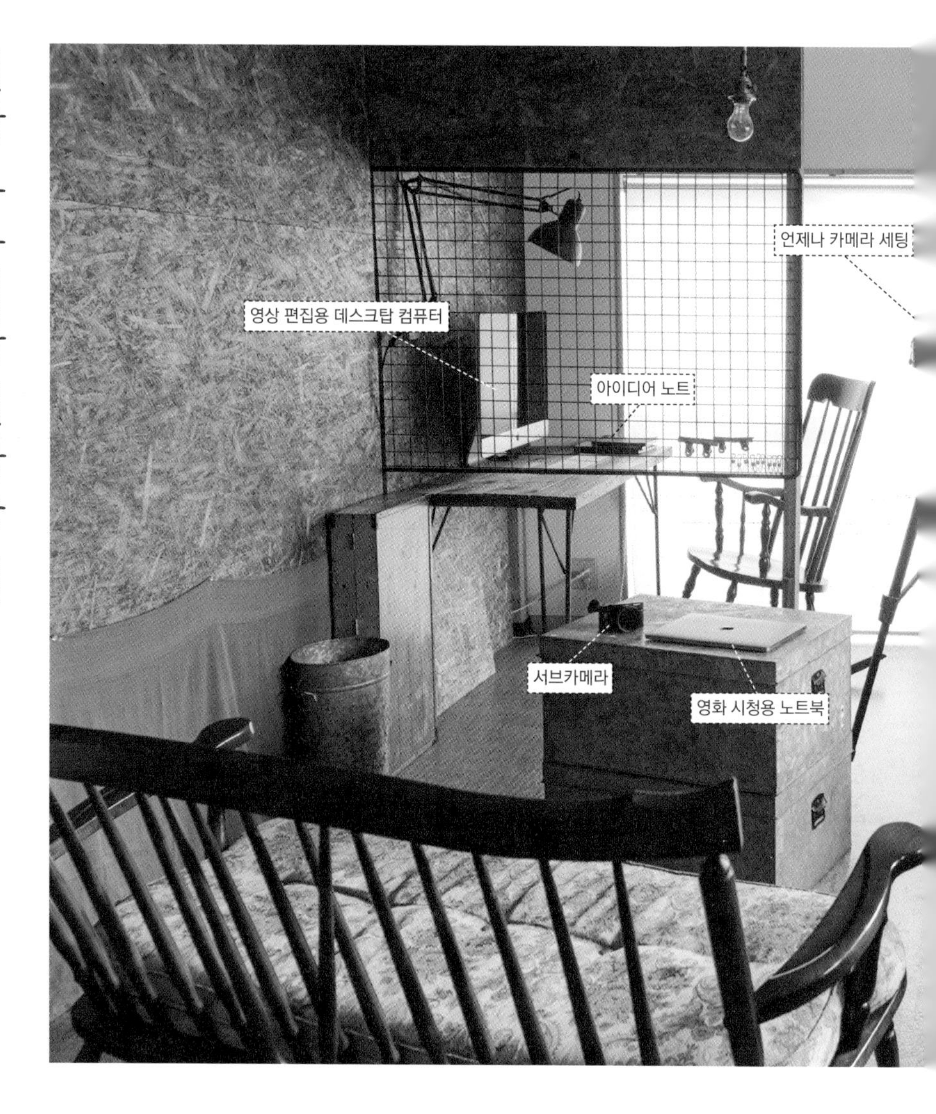

특별한 일은 아무것도 일어나지 않지만, 그날그날의 평범한 생활 속에 숨겨진 즐거움을 찍어 올리는 것, 이것이 일상 유튜버로서의 제 일입니다.
벽장을 정리하거나 부엌에 벽을 만들거나 애용하는 물건을 소개합니다. 또 생선을 손질하거나 반죽부터 시작해 우동을 만들거나 좋아하는 슈크림 만들기에 도전합니다. 나홀로 캠핑을 떠나거나 친구를 초대해서 피자를 대접하기도 합니다. 이런 일상을 약 10분짜리 영상으로 편집해 일주일에 2회, 밤 9시에 유튜브에 올립니다.
대본은 만들지 않아요. 자기 전에 내일은 무엇을 할지만 생각해 놓고 그냥 평소대로 생활하면서 그 모습을 촬영합니다.

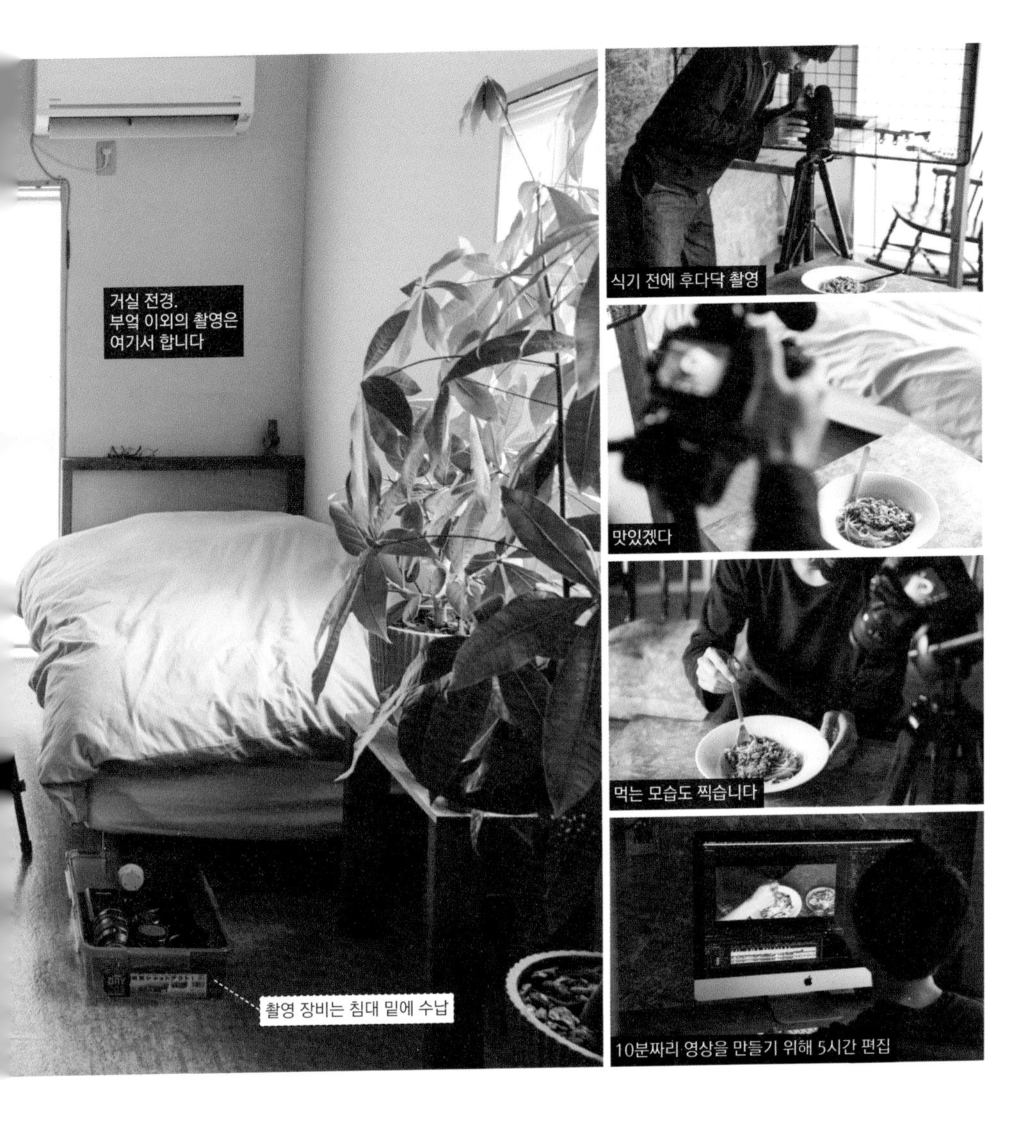

1년 전만 해도 하루하루의 일상이 제 일이 되리라고는 상상도 못 했습니다. 처음에는 인스타그램에 일상 사진과 동영상을 올렸는데, 다 전할 수 없는 것들이 늘어나면서 유튜브로 이동했습니다.

시작하고 일 년간은 구독자 수가 100명 정도였는데, 2019년 2월쯤에 올린 '혼자 사는 일상'이라는 영상이 십만 뷰를 달성했습니다. 이때쯤부터 유튜브에 영상을 올리는 것이 생각 이상으로 수요가 있음을 깨닫고, 음악과 촬영 방식을 고민하며 시행착오를 거쳐 현재에 이르렀습니다.

구독자가 늘었다고는 하지만 생활 그 자체는 아무것도 달라지지 않았습니다.

제 업무 장비를 소개합니다

SONY DSC - RX100M7
서브로 사용하는 휴대용 카메라로 외출했을 때나 여행할 때 쓰고 있어요. 가볍고 손떨림 보정 기능이 뛰어난 점이 선택 이유입니다. 삼각대에 세팅해서 사용할 때도 있습니다.

FE 24mm F1.4 GM
광각으로 찍을 수 있는 단초점 렌즈. 줌 기능은 없지만, 근접 촬영을 할 때도 샤프하게 찍을 수 있어요. 자주 렌즈를 갈아 끼우는 촬영 스타일이 아니라서 애용하고 있습니다.

내 짝꿍인
카메라와 마이크

FE 55mm F1.8 ZA
단초점 렌즈. FE 24mm F1.4 GM보다는 화각이 좁아져요. 이 두 가지 렌즈를 기분에 따라 나눠서 사용합니다.

FE 28mm F2
맨 처음에 썼던 단초점 렌즈. 지금은 그다지 사용하지 않습니다.

FE 24-105mm F4 G OSS
줌렌즈. 화질은 다소 떨어지지만 줌 기능이 뛰어나므로 식재료를 근접 촬영하고 싶을 때나 커피나 냄비에서 피어오르는 김을 찍고 싶을 때 사용합니다.

RODE Video Mic Pro
유튜버들의 단골 마이크입니다. 백색 소음도 적고 현장감 넘치는 소리를 수록할 수 있습니다. ASMR 영상도 소리는 이 마이크로 땄어요.

영상 촬영이나 편집은 유튜브나 웹 정보를 참고해서 모두 독학으로 익혔습니다. 촬영할 때 쓰는 기자재도 웹에서 검색해서 장만한 것입니다. 저는 원래 촬영 장비에 관심이 많았기 때문에 촬영이나 편집하는 동안 욕심이 생겨 인스타그램에 영상을 올릴 때부터 컴퓨터와 카메라, 렌즈, 마이크와 같은 장비를 아르바이트를 해서 갖춰 나갔습니다.
물론 유튜브를 시작하려고 하는 분들이 모두 저처럼 초기 투자를 하실 필요는 없습니다. 먼저 스마트폰 한 대부터 시작하는 것도 좋을 것 같습니다.
데스크탑 컴퓨터는 iMac 2019, 노트북은 Mac Book Pro 2017, 영상 편집용 소프트웨어는 Premiere Pro를 사용하고 있습니다.

SONY α7II
메인으로 사용하는 카메라입니다. 2년 전에 구입했고, 대부분의 영상을 이 카메라로 촬영하고 있습니다.

YouTube Next Up 2019에서 배운 동영상 제작

유튜브에 영상을 올리기 시작하고 2년 후, 2019년 9월에 YouTube Next Up 2019라는 프로그램에 참가하게 되었습니다.

유튜브가 주최하는 차세대 유튜브 크리에이터 발굴과 지원을 위한 프로그램으로, 업계에서 활동하는 영상 크리에이터들이 동영상 제작 및 프로모션에 대해 배울 수 있는 프로그램입니다. 지금까지 저는 촬영과 편집 모두 제 방식으로 해왔기 때문에 전문가에게 여러 가지 가르침을 받고 싶어서 과감하게 응모했는데 다행히 선정되었습니다. 많은 걸 배웠지만 제가 실천해서 즉각적으로 효과를 본 것이 4가지 있습니다.

우선 썸네일에 따라 조회 수가 결정된다는 것입니다. 썸네일이란 영상 내용을 알려주는 이미지로 가게 간판이나 책 표지와 마찬가지. 선생님의 설명에 따르면 무엇보다 심플하고 알아보기 쉬운 것이 중요한데, 이미지는 영상에서 오려낸 것을 쓰는 것이 아니라 썸네일용으로 새롭게 사진을 찍는 것이 좋다고 하셨습니다. 제목과 썸네일의 내용이 일치하는 것도 중요합니다.

두 번째는 장비입니다. 제 경우에는 줌렌즈를 쓰라는 권유를 받았습니다. 지금까지는 카메라 자체를 촬영 대상에 가깝게 대거나 멀리 뗐는데, 줌렌즈를 사용함으로써 원근의 리듬이 자연스러워지고 표현의 폭이 훨씬 넓어졌습니다.

세 번째는 소리의 중요성에 대해서입니다. 영상만 고집하지 말고 소리에도 정성을 들이라고 하셨습니다. 지금은 생활소음을 위화감 없이 리듬감 있게 잘 이어 나가는 것에 유의하고 있습니다. 소리에 집중하다 보니까 영상의 재미가 더 깊어진 것 같습니다.

그리고 네 번째. 선생님께서는 이 부분을 가장 강조하셨어요. 그것은 '인간미를 보여줄 것'. 시청자들은 결코 완벽함을 요구하는 게 아니고 평상시의 모습을 보면서 공감한다는 것입니다. 예를 들어 미용 분야라면 민낯을 보여준다든가, 일상 유튜브라면 요리에 실패한 모습도 있는 그대로 보여주는 것입니다. 너무 많이 공들여서 완벽하게 만들지 않는 것이 오히려 시청자와의 거리를 좁힐 수 있다는 것을 배웠습니다.

많은 유튜버들과도 만났습니다.

식물이 있는 생활은 즐겁다

문득 눈길을 주면
거기에는 초록이 있습니다

관엽식물로 가득 찬 식물원 같은 집을 계속 동경해 왔습니다.
전문학교를 졸업하고 드디어 살림에 시간을 할애할 수 있게 되었을 때 파키라와 고무나무를 샀습니다. 구독자 중 한 분이 식물에게 이름을 붙여주면 더 애착이 간다고 조언해 주셔서 파키라는 사토시, 고무나무는 카스미라는 이름을 지어주었어요.
어디까지나 제 느낌이지만 관엽식물을 놓고 나서 눈의 피로와 몸의 결림이 완화된 것 같습니다. 식물원이 되려면 아직 멀었지만, 식물과 매일 교감할 수 있는 생활에 만족하고 있습니다.

함께 산 지 2년 된 선인장. 물은 일주일에 한 번씩

분무기로 칙칙

오늘은 조금 힘이 없는 사토시

집안일을 잘게 나누면서 좋아하게 되다

"그렇게 정성껏 살림을 하려면 피곤하지 않나요?"라는 질문을 자주 받습니다. '즐겁게, 무리하지 않고, 너무 애쓰지 않는다'가 저의 생활방침이므로 집안일로 지치지는 않습니다.
이제는 '내 취미는 살림'이라고 공언하고 있지만, 본가에서 나와 얼마 되지 않았을 때는 집안일이 서툴렀습니다. 싱크대에 하루 세끼분 설거지를 쌓아두는 일도 자주 있었고, 방 청소는 일주일에 한 번 정도, 빨래도 거의 한계에 다다를 때까지 모아두었어요.
하지만 방이 어수선하면 무슨 일을 해도 의식은 그쪽을 향해 있기 때문에 다른 것에 집중할 수 없었습니다. 저도 모르게 짜증이 나고 뭔가를 하는 것도 귀찮아져서 생활 전반이 제대로 굴러가지 않게 되었어요.

어느 날 '나 혼자 살고 있으니까 결국 내가 하는 수밖엔 없어. 집안일은 쌓아두지 말고 그때그때 해 버리자'고 결심했어요. 이때 터득한 요령이 집안일을 잘게 나누는 것입니다.

더러워진 접시와 컵은 쌓아두지 않고 바로 설거지합니다. 청소나 정리의 경우, 오늘은 바닥을 닦고 다음 날엔 의자를 닦고 식기장 정리는 우선 첫 칸만 하는 식으로 잘게 나눠서 합니다. 이렇게 하면 큰맘 먹지 않아도 쉽게 해낼 수 있습니다.

냄비를 꺼내기 쉽게 다시 진열합니다

천을 젖히고 재빠르게 청소

무거운 관엽식물은 직접 만든 운반용 수레 위에 올려놓아요

소소한 집안일을 매일 조금씩 반복하면서 서툴렀던 집안일이 어느새인가 좋아졌습니다.

이런 10분 이내에 할 수 있는 작은 집안일을 '생활근육 트레이닝'이라고 부르고 있습니다. 요즘은 요리, 설거지, 정리정돈 등에 시간을 충분히 쓰고 있지만, 일하는 짬짬이 생활근육 트레이닝도 실천하고 있습니다.

집 꾸미기는 어린 시절의 비밀기지처럼

좋아하는 물건으로
둘러싸인 행복

초등학교 1학년부터 4학년까지 거의 매일 비밀기지 만들기에 몰두해 있었습니다. 골판지를 접착테이프로 연결해서 바닥과 벽, 지붕과 문을 만들었습니다. 만족스러운 기지가 완성되면 과자와 만화책을 들고 들어갑니다. 친한 친구들과 마음껏 빈둥거리며 놀 수 있는 이 공간이 당시의 저에겐 정말 낙원이었습니다.

기지를 만들기 적합한 장소는 어른들이 찾기 어려운 곳이어야 합니다. 사람들이 발을 들여놓지 않는 공터를 탐험하거나, 대나무밭 속을 뚫고 들어가 야산을 뛰어다녔습니다.

기지의 재료가 되는 골판지는 인근 원예매장에서 구했습니다. 혹시 적당한 골판지

DIY로 만든 벽. 자유롭게 선반을 늘릴 수 있습니다

DIY 재료 구입과 절단은 인테리어용품 전문점에서

천장에 구멍을 뚫지 않고 기둥을 세웠습니다

선반은 스테인리스 선반 받침으로 고정

가 나와 있지 않은지 항상 골판지 내놓는 곳을 체크하곤 했습니다. 큰 사이즈의 골판지를 발견했을 때의 기쁨은 뭐라 말할 수 없을 정도. 가져가게 해줄까 두근두근하면서 가게 직원에게 문의했던 기억이 납니다.

제 유튜브 채널인 OKUDAIRA BASE라는 이름에는 '나의 비밀기지'라는 뜻이 담겨있어요. 기둥과 벽을 만들고, 선반을 만들어 달고 잘 관리한다. 좋아하는 가구와 주방도구를 들여놓고 그것을 바라본다. 때로는 친구를 초대해서 대접한다. 이런 집을 만드는 것은 비밀기지 만들기와 똑같다고 생각합니다.

어쩌면 저는 행복했던 어린 시절과 같은 삶을 살고 있는지도 몰라요.

직접 제작한 파티션, 테이블, 수납장

파티션 맞은편은
현관과 화장실

부엌은 제가 하루 중 가장 많은 시간을 보내는 곳이자 가장 좋아하는 곳입니다.
현재의 모습이 되기까지 여러 번의 DIY를 반복했습니다. 월세로 살고 있기 때문에 나중에 모두 원상복구가 가능하도록 주의했습니다.

가장 큰 DIY는 벽과 기둥을 만든 것.
우선 현관에서 부엌이 훤히 보이는 게 싫어서 현관과 부엌 사이에 폭 55cm 정도의 공간을 남기고 파티션을 만들었어요. 파티션은 2×4 사이즈 목재 양 끝에 디아월(DIAWALL)이라는 브라켓을 끼워서 기둥을 만들고, 그 사이에 3×6 사이즈 OSB합판(나무 조각을 압축한 합판)을 걸쳐줍니다.

다음으로 원래 있던 벽을 가리기 위해서 마찬가지로 2×4 목재와 OSB합판으로 새롭게 벽을 만들었습니다. 이렇게 하면 원래 벽을 손상하지 않고 자유롭게 가공할 수 있습니다.

싱크대 높이에 맞춰서 수납대도 제작

안쪽에 목재를 끼워 넣기만 하면 되므로 DIY 초심자에게도 추천

자체 제작한 테이블 안쪽에 앤틱 식기장을 두었어요

저는 냄비와 접시 수납공간을 원했기 때문에 벽에 선반을 설치했습니다. 쓰기 편하게 선반을 바꿔 달거나 위치를 변경할 수 있는 것이 DIY의 장점입니다.
창가에는 창틀 안쪽을 빙 둘러서 나무판을 끼워 넣은 다음, 고리를 박아 물건을 걸 수 있도록 했습니다. 나무판을 창틀 안쪽 치수에 딱 맞는 크기로 잘라서 끼워 넣기만 한 것이라 창틀에 흠집이 나지 않습니다.
부엌 중앙에 있는 테이블도 직접 만든 것. 조리대 겸 식탁입니다. 테이블 밑에는 와이어를 달아 젖은 행주 등을 널 수 있게 했습니다.

내 안에 흔들리지 않는 축을 만들고 싶다

한 권의 책과의 만남

지금은 내가 하고 싶은 일이 확실해서 방황하지 않고 즐거운 나날을 보내고 있지만, 대학에 들어가기 전까지는 하고 싶은 일도 인생의 목표도 찾지 못해 고민했습니다.
대학에 입학한 후 혼자 생활하기 시작하면서 삶의 즐거움에 눈을 뜨고 집을 꾸미는 데 열중하게 되었습니다. 인테리어에 대해 고민하거나 유목으로 가구를 만들면서 디자인의 세계에 관심을 갖게 되었고, 그해 여름에는 '앞으로 디자인의 길로 가고 싶다'고 강하게 생각하게 되었습니다. 태어나서 처음으로 인생에서 하고 싶은 것, 인생의 목표와 마주한 것입니다.
대학 때는 아르바이트로 돈을 모아서 한 달에 한 번씩 심야버스를 타고 도쿄에 갔습니다. 인테리어숍이나 국립신미술관, 도쿄도미술관, 갤러리 등을 돌았습니다.
대학을 졸업한 후에는 다른 학교에서 디자인을 배우고 싶다고 생각했고, 디자인을 공부한다면 역시 최첨단 정보가 있고 감각 있는 사람들이 모이는 도쿄 소재 학교로 가야 한다고 생각하게 되었습니다.
디자인의 종류는 다양하지만 제가 배우고 싶었던 것은 공간 디자인, 인테리어 디자인, 가구 디자인, 주방도구 디자인이었습니다. 당시에는 제가 할 수 있는 공부라고 생각해서 디자인에 관한 여러 가지 책을 읽고 있었습니다.

대학교 2학년 때였을까요. 제 운명을 바꾼 책 한 권과 만났습니다. 건축가 다니지리 마코토 선생님의 <1000% 건축>이라는 책입니다. 그 책에는 자신과 세상이 당연하다고 생각하고 있는 것의 관점을 바꾸는 것의 중요성이 쓰여 있었습니다. 디자인의 본질에 다가선 느낌이었습니다.

내가 찾던 것이 여기에 있다

이때부터 현재의 나에게는 없는, 즉 기존의 틀을 깨는 관점과 사고법을 내 것으로 만들고 싶다, 나의 축이 되는 사고방식과 철학을 구축하고 싶다고 생각하게 되었습니다. 세상에서 당연하게 여겨지고 있는 사고방식과는 다른 시점, 거기에 근거한 스킬을 익혀 내 안에 흔들리지 않는 축을 만들 수 있다면 장래에 어떤 일을 하든지 살아갈 수 있다. 그렇게 생각했습니다.
내가 원하는 걸 배울 수 있는 학교가 도쿄 어디에 있을까 인터넷으로 검색하는 날들이 시작되었습니다. 그러던 중 어느 학교 홈페이지의 '개념 부수기'라는 카피가 눈길을 끌었습니다. 거기에는 디자인의 기초능력으로써 기존 개념에 얽매이지 않고 대상을 파악하여 색과 형태, 소재의 기능성을 찾아 표현과 발상의 폭을 넓히는 것의 중요성이 쓰여있었습니다. 아, 내가 찾던 것이 바로 여기에 있다고 확신했습니다.
그 학교는 '구와사와 디자인 연구소'였습니다. 졸업생 중 프로로 활약하고 있는 사람이 많다는 것도 알게 되었습니다. 그것은 교육의 질이 좋다는 증거라고 생각했습니다. 저는 야간부 디자인 전공과의 스페이스 디자인 코스에 입학하기로 결정했습니다.

자격취득을 위한 공부

아버지께서 일단 대학을 졸업하라고 하셨기 때문에 도쿄로 가기 전에 할 수 있는 일을 찾았습니다. 그래서 인테리어 코디네이터 자격증에 도전했습니다. 서점에서 교재와 기출문제를 구입하여 하루에 최소 4시간, 시험이 임박했을 때는 하루 8시간씩 정신없이 공부했습니다. 고교 시절엔 거의 공부를 하지 않았던 저는, '인간이란 명확한 목표가 있으면 얼마든지 열심히 할 수 있는 존재로구나'라고 저 자신에게 감탄했습니다.
만반의 준비로 임한 시험이었지만 뜻밖의 불합격. 합격점에 불과 1점이 부족했어요. 다음 날부터 바로 공부를 재개했습니다. 지금 생각해 보면 첫 번째 시험에서 떨어진 건 정말 행운이었던 것 같습니다. 그 이유는 총 2년간 착실히 공부한 덕분에 가구와 인테리어, 패브릭, 조명기구, 주택설비 등 인테리어 전반에 대해 깊이 이해할 수 있었기 때문입니다. 다음 해의 시험에서는 무사히 합격. 이번에는 거의 만점을 받았습니다. 같은 해에 조명 컨설턴트 자격증도 같이 취득했습니다.
도쿄에서 디자인을 공부하겠다는 제 의견에 반대하시던 아버지가 결국 허락해 주신 이유 중 하나는 이렇게 열심히 공부하는 제 모습을 보셨기 때문일 수도 있습니다.

본가로 돌아가 도쿄행을 위한 자금 마련

본가에 있는 내 방 인테리어

헌옷가게 이미지로 새롭게 단장

대학교 3학년이 되자 캠퍼스의 위치가 변경되면서 본가에서도 다닐 수 있는 거리가 되었습니다. 즐거운 혼자 살기를 이대로 계속하고 싶은 마음이 무척 컸지만, 졸업 후 도쿄로 가기 위한 돈을 모으기 위해 일단 본가로 돌아가기로 했습니다.

대학 시절에는 피자배달, 과외, 재활용품점 근무, 소 사료 만들기 등 다양한 아르바이트를 했습니다. 재활용품점에서는 물건을 검수하는 지식과 가구 등의 수리방법을 배웠습니다. 과외를 하면서는 다른 사람에게 지식을 알려주는 재미를 알게 되었고요, 소 사료 만들기에서는 힐링을 얻었습니다. 피자배달은 배달 중에 어쩌다 보니 숲속을 헤매게 되어서 일이 익숙해질 새도 없이 그만둘 수밖에 없었어요.

여러 가지 일을 해보면서 저는 팀으로 일하는 것은 적합하지 않다는 것을 깨달았습니다. 뭔가 문제가 생기면 다른 사람을 의지해 버리거나 상황을 망가뜨리고 싶지 않은 나머지 참아버렸습니다. 그 결과 내 머리로 생각하는 것을 포기하고 생각이 정지되는 것이었어요.

이런 자신에게 스트레스가 느껴져서 내가 책임지고 할 수 있는 일이나 인간관계에 얽매이지 않는 직장을 선택하게 되었습니다. 지금 제가 프리랜서를 택한 이유 중 하나는 이때의 경험도 영향을 주었다고 생각합니다.

본가로 돌아가면 생활을 즐길 수 없지 않을까? 라고 생각하는 분도 계시겠지만, 저는 마음껏 방 꾸미기에 몰두할 수 있었습니다. 그때 마침 동생이 교대하듯이 독립했기 때문에 방을 혼자 쓸 수 있었습니다. 본가에 살던 1년 반 동안 자금 마련을 위한 아르바이트, 자격증 취득을 위한 공부 그리고 방 꾸미기에 열중했습니다.

만약 지금은 부모님과 함께 살고 있지만 나중에 독립하고 싶은 분이 있다면 예행연습 차원에서 집안일이나 방 꾸미기를 계속하는 것이 좋습니다. 저처럼 가족들 몫까지 해내면 막상 혼자 살 때는 여력이 남기 때문에 마음껏 살 수 있을 거예요.

졸업까지 기다리지 않고 도쿄로

도쿄에 놀러 갈 때마다 고등학교 때부터 절친한 친구 집에 묵었습니다. 친구는 고엔지, 시모키타자, 기치조지 등 많은 동네를 구경시켜 주었어요. 그중에서 제 마음에 든 곳은 기치조지. 헌옷가게 외에 카페와 잡화점, 상가가 충분했고, 무엇보다 도시인데도 녹음이 우거진 것이 마음에 들었습니다. 대학 졸업 후 도쿄의 디자인 전문학교 진학을 결정한 저는 어떻게 해서든지 이 거리에서 살고 싶어졌습니다. 그래서 매일 인터넷으로 물건을 검색했습니다. 그러던 어느 날, 드디어 꿈꾸던 집을 발견했습니다.
기치조지까지는 자전거로 약 10분, 주방과 작은 거실이 딸린 집으로 월세는 48만 원. 지은 지는 오래됐지만 맨 끝집 1층이라 작은 베란다가 붙어있어서 햇볕도 잘 들 것 같았습니다. 지금 살고 있는 집이 바로 그 집이에요. 하루라도 빨리 도쿄로 가고 싶어서 4학년 1학기에 졸업에 필요한 학점을 모두 따고 4학년 가을에는 이사할 생각이었습니다. 하지만 그렇게 한다 해도 1년이 남았습니다. 1년 뒤에 이사할 집을 미리 빌릴 수는 없기에 그냥 저 혼자 꼭 저 집에 살겠다고 작정한 것뿐이었습니다.
그 후로 혹시 누가 빌리지 않았나 매일 인터넷으로 물건의 정보를 확인하거나 방 배치도에 가구를 그려 넣거나 도쿄에 갈 때마다 아파트 주변을 돌아다니곤 했습니다. 그 집 근처를 산책하면서 여기가 내가 사는 동네가 될 거라고 생각하면 가슴이 뛰었습니다.

이 집에 이 빛이 없었다면

외관에서 지난 세월의 흐름이 느껴지고 가까운 전철역과의 거리도 좀 있어서 남들이 보기에는 멋진 집이 아닐 수도 있습니다. 하지만 저에게는 꿈을 그대로 형상화한 것 같은 집이었어요. 소원이 이루어져 가을 입주가 결정되었을 때의 기쁨은 이루 말할 수 없었습니다. 학점을 다 따 놓았기 때문에 졸업식 때만 며칠 돌아가기로 하고 즉시 이사하기로 했어요.
살면서 알게 된 것은 이 집의 빛이 탁월하다는 것입니다. 베란다는 남향이고 맞은편에 큰 건물이 없어서 햇볕이 정말 잘 들어요. 거실에는 창문이 하나 더 있는데 여기서도 빛이 예쁘게 들어옵니다. 부엌에는 눈높이에 창문이 있어서 요리나 설거지를 하면서 시시각각 표정을 바꾸는 빛을 넋을 잃고 바라보게 됩니다.
이 집에 이 빛이 없었다면 어쩌면 지금처럼 제 생활을 영상으로 찍어 유튜브에 올리는 일도 없었을지도 모릅니다. 그만큼 이 집의 빛은 아름답습니다.

수납상자 두 개를 쌓아서 식탁으로 이용

수납상자에는 서류 등을 넣어둡니다

저희 집 거실은 약 5평입니다. 그중에 반 평 정도를 작업공간으로 쓰고 구석에는 침대를 두었으니 거실 공간으로 사용하는 것은 실질적으로 약 3.5평쯤 되지 않을까요?

밥을 먹거나 친구들과 수다를 떨거나 혼자 편안히 쉬기 위한 장소입니다.

주요 가구로는 중고로 산 소파와 오래된 금속 수납상자 두 개가 있습니다.

수납상자는 두 개를 포개놓고 식탁으로 사용하고 있어요. 전에는 아웃도어용 접이식 테이블을 썼는데 수납상자가 자리를 덜 차지해서 이렇게 바꾼 것입니다. 수납상자가 방 한가운데 있어서 눈에 잘 띄기 때문에 위에 물건을 올려놓지 않고 늘 깔끔한 상태로 유지합니다.

많은 인원이 놀러 왔을 때는 위에 있는 상자를 내려서 두 개를 옆으로 나란히 놓거나 벽 쪽에 세워둔 아웃도어용 테이블을 펼쳐서 사용합니다.

거실에는 이 밖에도 빈티지 거울, 휴지통, DIY로 만든 스탠딩 옷걸이, 관엽식물이 있습니다.

부엌과 마찬가지로 거실 벽도 OSB합판으로 새롭게 만들었어요.
원래는 벽 전면을 합판으로 덮고 싶었지만 그러면 벽장 문을 여닫을 수 없게 되므로 오른쪽 2/3만큼만 합판으로 덮고 왼쪽 1/3은 천을 벽지처럼 붙이기로 했습니다. 원래 있던 흰색 벽을 그대로 두지 않고 같은 계열의 천으로 도배한 것은 방 전체에 통일감을 주기 위해서입니다. 새로운 합판 벽에는 선반을 고정할 수 있어서 물건이 늘어나도 안심할 수 있습니다. 아직은 그럴 필요가 없어 보이지만 말이지요.
벽 아랫부분, 바닥에서 위로 40cm에는 일부러 기둥만 내리고 합판을 붙이지 않아 작은 수납공간을 확보했습니다. 이곳에 아웃도어용 의자를 수납하고 천으로 가려둡니다.

기둥 끝에 끼운 디아월.
벽과 천장의 손상을 방지합니다

벽 아래쪽엔 천으로 가린 작은 수납공간이 있어요

벽 전면을 DIY하지 않고
일부는 천으로 도배했습니다

물건을 고르는 것은 삶의 묘미이자 라이프 디자인이다

물건을 고를 때 중요하게 생각하는 점

많은 분들이 오해하시는데 저는 '효율적으로 생활하는 것'을 지향하지 않습니다. 물건에 대해서도 '필요한 것만 최소한으로 소유하자'라는 금욕적인 생각을 하고 있지 않아요. 오히려 요리와 청소, 생활 전반이 즐거워진다면 적극적으로 물건을 들이고 싶다고 생각하는 쪽입니다. 아름다운 디자인에 뛰어난 기능을 갖춘 도구는 생활을 즐겁게 해줄 것이 분명하기 때문입니다.

물건 자체를 좋아하는 건 물론이고 물건을 고르는 과정도 굉장히 좋아합니다. 제가 충동구매를 하지 않는 이유는 물건을 구입할 때까지의 리서치야말로 삶의 묘미라고 생각하기 때문입니다.

뭔가 갖고 싶은 게 생기면 일단 그게 정말 내 생활에 필요한지를 시뮬레이션해요. 이 물건이 집에 있으면 어떤 생활을 하게 될까를 상상해 보고, 즐겁게 사용하고 있는 모습이 구체적으로 그려지는지 아닌지가 물건을 살 때의 기준입니다.

집에 들이기로 마음먹었으면 검색을 시작합니다. 인터넷으로 세부 기능과 최저가, 리뷰 등을 수집·분석합니다.

검색 결과에 따라 갖고 싶은 물건이 너무 비싸서 사지 못할 수도 있습니다. 하지만 그 결과에 도달하기까지의 조사와 분석을 즐겼기에 물건을 갖지 못해도 실망하지는 않습니다. 철저한 검색을 통해 터득한 정보나 지식은 앞으로의 생활과 업무에 반드시 활용될 것이라고 믿기 때문입니다. 또 여러 가지 사물을 진지하게 마주하는 것은 감성을 갈고 닦는 트레이닝이 되기도 합니다.

때로는 이걸로 할까 저걸로 할까 망설이다가 원하는 물건이 품절된 적도 있습니다. 특히 인터넷 경매에서는 많이 겪었어요. 저는 물건은 인연이 따로 있어서 우연히 만나는 것이라고 생각하기 때문에 그때 구하지 못하면 깔끔하게 포기합니다. 인연에 없는데 끈질기게 쫓아다녀도 좋을 게 없으니까요.

갖고 싶은 물건을 손에 넣기 위해 계획을 세워 돈을 모을 때도 있습니다. 목적이 있는 저축은 물건이 내 손에 들어올 때까지의 시간을 설레는 시간으로 만들어 줍니다.

인터넷 검색 외에도 제가 중요하게 생각하는 것이 신뢰할 수 있는 매장을 찾아가서 직접 직원에게 물어보는 거예요.

저에게는 청과물점과 헌옷가게 등 몇 군데 신뢰하는 곳이 있습니다. 그런 가게의 직원은 그냥 판매자가 아니라 그 세계의 전문가이므로 추천하는 물건이나 활용법에 대해 자세히 알려줍니다.

제가 자주 만나는 가게 중 daidoko_tsuchikiri가 있어요. 기치조지에 있는 주방도구 전문점인데, 가게 주인인 츠치키리 게이코 씨가 자택의 일부를 개축해서 가게로 만들었습니다. 가게에 있는 물건은 모두 츠치키리 씨가 실제로 사용해 보고 좋다고 판단한 것만 진열되어 있습니다. 각각의 상품에 대해 장점과 단점, 어떤 라이프스타일에 어울리는지 등을 자세하게 알려줍니다. 저희 집에 있는 주방도구의 대부분은 이곳에서 구입한 것입니다.

물건을 고르는 것은 삶의 방식을 디자인하는 것

과장일지도 모르지만 물건을 고르는 것은 자신의 가치 기준이 명확해야만 할 수 있다고 생각합니다. 지금 내가 무엇을 원하는지, 무엇을 좋아하고 또 싫어하는지, 무엇을 기분 좋게 느끼는지 등 내 마음의 소리에 귀를 기울이고 나 자신과 진지하게 마주할 필요가 있습니다.
그 작업은 자연스럽게 나는 어떻게 살아가고 싶은가라는 라이프 디자인으로 이어집니다. 전력을 다해 물건을 고르는 것으로 저는 삶의 방식을 디자인하고 있다고 생각합니다.

7개의 프라이팬을 선택한 이유

제 부엌엔 7개의 프라이팬이 있습니다. '설마 전부 사용하는 건 아니죠?' 라고 묻고 싶을지도 모르지만 모두 용도에 맞게 잘 활용 중입니다. 하나하나 심사숙고해서 골랐습니다. 제가 선택한 이유와 기능을 소개합니다.

1 스킬렛. 지름 14.5cm의 작은 철 프라이팬입니다. 캠핑에 가져갈 수 있는 적당한 크기의 프라이팬이 필요해서 구입했어요. 아침으로 독일식 팬케이크인 더치베이비를 만들 때도 자주 사용합니다. 녹나지 않게 오일을 발라 관리해요.

2 독일 휘슬러의 스테인리스 프라이팬입니다. 견고하고 녹이 잘 슬지 않아 평생 쓸 수 있는 프라이팬으로 구입했습니다. 보온 효과가 뛰어난 것이 특징입니다. 고기를 굽거나 볶음요리를 하고 오므라이스를 만들기도 해요. 이 프라이팬에 우유를 듬뿍 넣어 만든 스크램블드에그는 일품입니다.
완전히 달군 후 약간 많다 싶게 올리브유를 두르고 달걀물을 단숨에 흘려 넣은 다음 재빨리 저으면 타지 않고 부드럽게 완성됩니다. 설거지할 때는 표면에 흠집이 생기지 않도록 부드러운 스펀지를 사용합니다.

3 리버라이트의 키와메 재팬시리즈 중 하나. 지름 26cm인 철제 볶음팬입니다. 7년 전에 혼자 살기 시작하면서 제 돈으로 처음 산 조리기구입니다. 실제로 만져보고

고르고 싶어서 2시간 거리인 나고야까지 사러 갔던 추억의 물건입니다. 손잡이 부분이 나무라서 냄비장갑 없이도 요리할 수 있는 점이 마음에 듭니다. 바닥이 깊어서 중화냄비 대용으로도 활용하고 있습니다.

4 프로 요리사들도 많이 쓰는 아카오 알루미늄제작소의 DON시리즈 알루미늄 프라이팬. 파스타를 자주 해 먹는 저에게는 없어서는 안 될 프라이팬입니다. 알루미늄 소재라 금방 끓고 수분이 빠르게 증발하기 때문에 파스타 소스를 만들 때 물과 기름을 잘 유화시킬 수 있어요. 지름 27cm와 23cm의 크기가 다른 두 개를 가지고 있어요.

5 프랑스제 비전 유리 프라이팬. 지름 18cm. 학생 때 아르바이트를 했던 재활용품점에서 한눈에 반해 도쿄로 이사할 때 구입. 저에게는 새로운 생활의 상징과 같은 프라이팬입니다. 유리 소재라서 오븐으로 조리할 때도 쓸 수 있어요. 디자인이 아름다워 식탁에 그대로 올릴 때도 있습니다. 의외로 보온성이 좋은 점과 설거지할 때 금속 브러시로 쓱쓱 닦아도 흠집이 나지 않는 점도 포인트.

6 덴마크의 오래된 브랜드인 스칸팬의 ctx시리즈 프라이팬. 지름 27cm. 불소수지 가공이 되어 있습니다. 기름을 쓰지 않고 연어나 삼겹살을 담백하게 굽고 싶을 때 사용합니다. 다른 프라이팬에 비해 조금 비싸지만 10년간 보증이 되므로 표면의 코팅이 벗겨져서 여러 번 교체하는 것보다 가성비가 좋다고 생각해요.

S자 고리를 이용해서
환기팬 안쪽에 걸어둡니다

요리가 맛있어지는 냄비들

냄비에 대해서도 '아니, 그렇게 많이 필요해?'라고 생각하실 수 있습니다. 하지만 요리를 좋아하는 저에게 각각의 요리에 적합한 냄비를 고르는 것은 무척 중요한 일입니다. 냄비를 구분해서 쓰면 요리는 틀림없이 맛있어집니다.
제가 애용하는 냄비는 8개입니다.

1 이와추의 스키야키냄비. 지름 22cm, 깊이 13cm. 철 냄비입니다. 스키야키를 만들고 싶어서 구입했습니다. 가스레인지 위에 올려놓으면 마치 화덕 같은 분위기가 나서 사용할 때마다 황홀해집니다. 삼나무로 만든 냄비뚜껑의 향도 좋아서 어쩔 줄 모르겠어요. 이 뚜껑으로 증기가 적절히 빠집니다. 라따뚜이, 카레, 스튜도 이걸로 만듭니다.

2 BONIQ의 저온조리 전용 냄비 '캐서롤 깊은형'. 지름 22cm, 높이 15cm. 닭가슴살이 촉촉하게 완성되는 데 충격을 받고 저온조리에 푹 빠졌습니다. 손님 초대 요리를 할 때 단골 조리도구입니다.

3 야나기소리의 스테인리스 편수냄비. 지름 18cm. 제가 가장 좋아하는 냄비입니다. 타원형이고 따르는 부분이 좌우에 붙어있는 것이 특징입니다. 뚜껑을 약간만 열어도 틈이 생기므로 증기를 빼거나 뜨거운 국물을 따를 때 편리합니다. 저는 오른손잡이지만 왼손잡이도 편하게 쓸 수 있을 것 같아요. 냄비 테두리가 바깥쪽으로 살짝 젖혀져 있어서 국물을 따를 때 냄비를 타고 흘러내리지 않습니다.

또한 손잡이가 미묘하게 구부러져 있어 손에 착 밀착됩니다. 손잡이 끝에 고리가 달려있는 것도 저에겐 포인트. 덕분에 제가 좋아하는 '거는 수납'을 할 수 있거든요. 야나기소리는 제가 동경하는 디자이너입니다. 언젠가 저도 그분처럼 제대로 살림하는 사람만이 만들 수 있는 기능성과 아름다움이 양립하는 주방도구를 만들어 보고 싶어요.

4 르크루제의 시그니처 코코떼 론도. 지름 16.5cm. 도쿄로 이사할 때 어머니가 물려주셨어요. 양파를 통째로 넣고 만드는 수프 등을 자주 만듭니다.

5 지름 24cm의 유키히라 편수냄비. 이것도 어머니가 물려주신 거예요. 가장 많이 사용하는 냄비일지도 모릅니다. 육수를 내거나 단팥을 조릴 때, 파스타를 삶을 때 써요. 알루미늄이라서 빨리 익습니다. 최근 전기 주전자를 처분했기 때문에 차를 우리는 용으로 작은 유키히라 냄비를 하나 더 살까 고민 중입니다.

6 스타우브의 피코 코코떼 시리즈 중 라운드 블랙입니다. 지름 20cm. 카레와 스튜를 많이 만들 때 사용합니다. 친구들과 캠핑 갈 때 가져가기도 합니다.

7 프랑스제 비전 소스팬. 지름 16.5cm. 오로지 잼을 조릴 때 사용합니다. 투명하기 때문에 뚜껑을 닫고도 불 조절을 할 수 있다는 것이 장점.

8 나가타니엔의 직화밥솥인 '가마도상'. 2인분용. 제 생활에 꼭 필요한 밥솥입니다. 자세한 것은 38쪽에서 이야기했습니다.

자주 쓰는 2개는
걸어서 수납

심사숙고해서 샀는데도 안 쓰는 물건이 생기는 불가사의

제 역할을 다한 이 체는
처분하기로 결정

저는 건전지 하나, 펜 하나에 이르기까지 제가 가진 모든 물건을 파악하고 있습니다. 집안 어디에 무엇이 있는지 서랍 속부터 벽장 구석구석까지 전부 머릿속에 들어있어요.

집에 물건을 들일 때는 공들여서 사전조사를 하고 검토에 검토를 거듭하여 제가 정말 필요하다고 생각한 것만 구입합니다. 그런데도 안 쓰는 물건이 나오는 것은 왜일까요.

한 달에 1~2번 안 쓰는 물건을 체크합니다. 청소를 하면서 필요 없다고 생각되는 물건을 별도의 상자에 넣습니다. 그것은 주방도구일 때도 있고, 옷이기도 책이기도 합니다.

바로 버리지 않는 이유는, 일단 생활공간에서 분리하고 살아본 뒤 역시 불필요하다는 확신이 든 다음에 처분하고 싶기 때문입니다. 정장 같은 것은 다시 생각해 보니 입을 수 있을 것 같아 부활시키는 경우도 있습니다. 안 쓰는 물건을 처분하는 방법은 팔 것인가, 누군가에게 줄 것인가, 버릴 것인가의 삼자 택일.

안 쓰는 물건을 발견하면 왠지 형태를 변경하거나 수납 방법을 바꾸고 싶어집니다. 얼마 전에는 관엽식물 뒤쪽에 숨겨놨던 청소도구를 옷장 안에 걸어보았습니다. 그랬더니 방안이 한결 깔끔해졌어요. 사용하지 않는 물건을 체크하는 것은 '생활의 신진대사'를 촉진하는 일 같습니다.

그건 그렇고, 제 나름대로 안 쓰는 물건이 생기는 이유를 생각해 보았는데, 그건 똑

같은 매일을 보내는 것 같지만 조금씩 라이프스타일이 변화하고 있기 때문이 아닐까 합니다.
물건을 손에 넣었을 때는 그 당시의 생활에 이것이 꼭 필요하다고 생각했고 실제로 도움이 되었지만, 시간이 흐름에 따라 더 이상 필요하지 않거나 다른 것으로 교체되면서 그 역할을 끝낸 것이지요. 자신이 변화하고 있기 때문에 사용하지 않는 물건이 생기는 것이라고 생각합니다.
안 쓰는 물건 체크와 정리정돈 작업을 마치면 마음이 후련해집니다. 이 집 안에 있는 물건은 아무리 작은 것도 나에게 꼭 필요하고 소중한 것들뿐이라는 것을 새로이 확인할 수 있기 때문인 것 같아요. 집에 더욱더 애착이 생기고 생활과 업무를 새로운 마음으로 시작할 수 있습니다.

옷장에 와이어를 매달아 옷을 걸어줍니다.

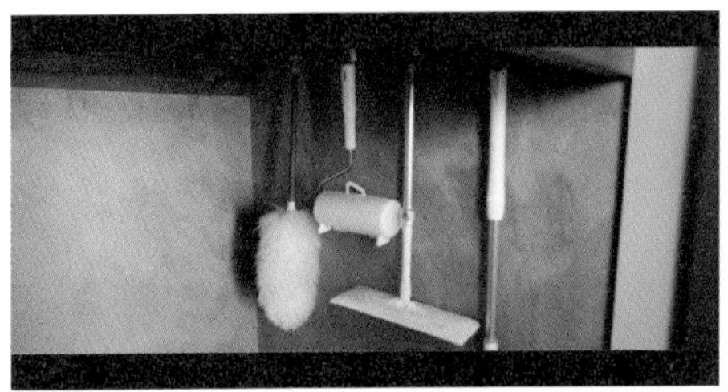

진공청소기는 자리를 차지하기 때문에 없습니다.

보이지 않는 장소까지 정돈되어 있으면 마음이 안정됩니다.

안 쓰는 물건을 모아둔 상자는 평소에는 옷장에 넣어둡니다. 옷장 속도 물건들로 꽉 차지 않도록 유의하고 있습니다. 공간에 여유가 없으면 마음의 여유도 사라지기 때문이죠.
안 쓰는 물건을 체크할 때 옷장 속과 위쪽 선반도 함께 정리하고 있습니다.

수리하고 관리하여 오래오래

부품을 재구성하고 망치로 조절합니다

본래의 모습을 되찾았어요

시간의 층이 겹겹이 쌓인 오래된 물건에는 대량 생산된 요즘 물건에서는 찾기 힘든 높은 정밀도와 사람의 손으로 정성껏 만들어진 온기가 있습니다.
저는 재활용품점이나 중고품 가게를 좋아해서 자주 찾아다닙니다. 작업할 때 쓰는 흔들의자와 거실에 둔 소파도 그런 곳에서 구한 것입니다.
오래된 물건은 아무리 상태가 좋은 걸 골라도 세월이 흐른 만큼 망가지기 쉬운 법이지요. 하지만 쓰다가 부서져도 바로 처분해 버리거나 다른 것을 구입하진 않아요. 제가 할 수 있는 범위에서 수선하여 계속 사용하려고 합니다.
흔들의자는 대학생 때 아르바이트했던 재활용품점에서 산 것입니다. 가게 안에 진열되어 있는 걸 누가 사 갈까 봐 가슴 졸이며 아르바이트비가 들어올 때까지 기다

가구의 윤기를 낼 때 사용하는 크림으로 닦아줍니다

렸던 기억이 납니다. 마침내 우리 집에 맞이했을 때는 가슴이 뜨거워졌지요. 기뻐서 온종일 들떠 있었습니다.
몇 년 동안 멀쩡하게 잘 썼는데 얼마 전 결국 다리 부분이 부서져 버렸습니다. 처분할까 말까 망설였지만 할 수 있는 데까지 직접 수리

볼을 비벼보고 싶을 정도로
매끌매끌해졌어요

해보기로 결정했습니다. 다리 접합부를 분해한 다음 줄로 갈아 다듬고 다시 나사로 고정, 무사히 원래의 모습으로 돌아왔습니다. 전체를 다 닦아내니까 부서지기 전보다 깨끗해진 것 같아요.
소파는 가리모쿠 사의 중고품입니다. 구입 당시엔 전체가 지저분했는데, 쿠션을 벗기고 먼지를 턴 다음 나무 프레임을 닦아 윤기를 내었더니 멋진 모양새가 되었습니다.
저는 수리하고 관리하는 것을 좋아합니다. 지금 쓰고 있는 소가죽 지갑은 한 달에 한 번 밀랍크림을 발라 윤기를 냅니다. 오래된 것이든 새것이든 질 좋은 물건은 손질하면 오래 쓸 수 있어요. 쓰면 쓸수록 멋이 생기고 그만큼 더 사랑하게 됩니다.

내가 좋아하는 옷에 대하여

제 머릿속에는 갖고 싶은 물건의 원하는 형태가 늘 명확하게 들어있습니다. 예를 들면 책상과 의자, 스탠딩 옷걸이 등. 먼저 제 이상과 가까운 물건을 찾아봅니다. 하지만 못 찾거나 가격이 예산을 한참 오버할 때는 가능하면 제가 직접 만듭니다. 스탠딩 옷걸이도 그렇게 만든 것 중에 하나. 높이는 제 키에 맞췄고 제가 가진 옷의 수량과 두께를 고려해서 가로 폭을 정했습니다. 포인트는 아래쪽에 하의를 둘 공간을 만든 것. 대학교 3학년 때 동생의 도움을 받아 만든 것인데, 마음에 들어서 지금까지 사용 중입니다.
스탠딩 옷걸이에 거는 원목 옷걸이는 중고품. 원래 세탁소에서 사용하던 것입니다. 나무를 통째로 도려내서 만들었기 때문에 이음매가 없어서 옷감의 올이 뜯기지 않습니다. 촉감도 좋아서 옷을 걸거나 꺼낼 때마다 참 좋다고 감탄하게 됩니다.
18살 때부터 22살까지 옷과 신발을 마구 사들였습니다. 조금이라도 좋아 보이는 것은 바로 샀기 때문에 옷장은 항상 꽉 차 있었어요. 옷에 돈을 잔뜩 쓴 만큼 내 취향과 나에게 어울리는 형태, 소재나 기능의 장단점을 파악할 수 있게 되었습니다.
옷은 중고품이나 기능성이 높은 것을 좋아하고 자주 입습니다. 헌옷은 단순히 오래돼서 좋아하는 것이 아니라 옷감이나 봉제의 질이 좋은 것이 많기 때문입니다. 잘 손질하면 오래 입을 수 있으므로 사실 가성비도 좋습니다.

헌옷을 취급하는 재활용품점에서 일했던 경험 덕분에 쇼핑을 할 때도 인기 있는 브랜드인지, 요즘 유행하는 형태인지, 가치 있는 중고품인지 등 어느새 감정하는 시선으로 보게 됩니다.
헌옷과는 정반대지만 신소재를 사용한 기능성 옷도 좋아합니다. 예를 들어 UNITED TOKYO의 검정 바지는 우주복에도 사용되는 아웃라스트라는 신소재로 만들어져 있습니다. 바지 속 온도를 감지하여 항상 쾌적한 상태로 조정해 주는 뛰어난 제품이라 1년 내내 애용하고 있어요.
마찬가지로 UNITED TOKYO의 베이지색 셔츠는 세탁해도 주름이 생기지 않으며 속건성이 있는 소재입니다. 이것도 좋아해서 일 년 내내 입고 있어요.
아웃도어 브랜드인 ARCTERYX의 마운틴 파카는 가볍고 방수 기능이 뛰어나서 웬만한 비에는 우산을 쓰지 않아도 끄떡없습니다. 원단이 찢어지면 제조사에 수선을 요청할 수 있는 것도 좋은 점입니다.
여름에 입는 티셔츠는 땀 얼룩이 지거나 잘 틀어지기 때문에 계절 초입에 5장 정도 사서 입고 계절이 바뀌면 처분합니다. 여름옷은 적당한 가격의 심플한 형태를 선택하는 경우가 많아요.

동생의 도움을 받아 만든 스탠딩 옷걸이.
벌써 5년 넘게 쓰고 있어요

휴일은 화요일과 수요일로 정했어요

좋아하는 공원. 유채꽃이 예뻐요.

휴일은 일주일에 두 번, 화요일과 수요일로 정했습니다. 쇼핑가를 산책하거나 카페 순례를 하기도 하고, 미술관과 영화관을 가기도 합니다. 자전거로 강가를 달리거나 나홀로 캠핑도 즐깁니다. 어딘가에 외출했다가 돌아오는 길, 낯선 마을에서 발견한 대중목욕탕에 불쑥 들어갈 때도 있습니다.

휴일엔 업무는 전부 잊어버리냐고 묻는다면 제 경우엔 그렇지는 않습니다. 늘 머릿속 어딘가에는 지금 하고 있는 일, 앞으로 해야 할 일을 생각하고 있어요.

유튜브에 일상을 올리는 것도, 기업용 영상 제작이나 주방도구 디자인과 커피 개발도 전부 좋아서 하는 일들입니다. 그래서 완전한 휴일이 없다고 해서 힘들지는 않습니다.

어딘가에 가면 자기도 모르게 영상을 찍는 것은 유튜버의 직업병. 밖으로 나간 휴일에는 아름다운 풍경을 카메라에 담고 싶어집니다.

직장인인 친구와 만날 시간은 역시 주말

멀리까지 와 버렸어요.

나홀로 캠핑의 매력

여행할 때 발이 되어주는 파나소닉 '크로몰리 로드바이크'

휴일에 혼자서 훌쩍 캠핑을 떠날 때가 있습니다. 텐트, 침낭, 갈아입을 옷, 조리도구 등 필요한 짐을 자전거에 싣고 출발. 행선지는 오쿠타마 또는 후지산 방면일 때가 많습니다.

주요 캠핑도구 세트. 이것들을 자전거에 실어요

KONNIX의 가방을 얹어줍니다

캠핑지에 도착하면 우선 텐트를 쳐서 잠자리를 만들지요. 그다음엔 장작을 줍고 물을 길어오고 모닥불을 피우고 식사준비를 합니다. 혼자니까 당연히 도와줄 사람은 없습니다.
평소에도 그렇지만 저는 '약간의 불편'을 좋아합니다. 여느 때와는 상황이 다른 요리, 설거지, 뒷정리, 잠자리를 즐깁니다.
모닥불을 멍하니 바라보거나, 갈아서 바로 내린 커피를 마시거나, 주위를 산책하면서 자연을 만끽하고 돌아옵니다.

베란다 간식과 에스프레소

오븐을 새것으로 바꾸고 나서 염원했던 베이킹을 시작했습니다. 치즈케이크, 슈크림, 구운 커스터드, 달콤한 빵 등을 자주 만들어요. 실패할 때도 있지만 레시피대로 만들면 생각보다 맛있게 완성됩니다.

어릴 때는 어머니가 자주 간식을 만들어주셨어요. 최근엔 제 영상을 보신 어머니께 조언을 받거나 반대로 제가 레시피를 알려드리면서 디저트 정보교환을 하고 있습니다. 이런 식으로 어머니와 디저트 레시피에 대해서 이야기를 나눌 날이 올 것이라고는 꿈에도 생각하지 못했습니다.

디저트와 함께하는 것은 에스프레소입니다. 커피에 빠지면서 원두의 맛을 더 직접적으로 맛보고 싶어 진한 에스프레소를 내리게 되었습니다.

맛있어서 2조각이나
먹어버렸어요

도구는 알레시의 '풀치나 에스프레소 포트'를 쓰고 있어요. 포트에 물과 분쇄한 원두를 넣고 불에 올리면 얼마 되지 않아 갈색 액체가 뽀글뽀글 솟아납니다. 포트 뚜껑을 열고 그 모습을 관찰하거나 소리에 귀를 기울이는 것도 즐거운 한때.
간식 시간은 업무 사이사이 20분 정도. 날씨가 좋은 날엔 베란다에 앉아 잠시 쉬기도 합니다.

애용하는 에스프레소 세트

캠핑 때도 활약하는 커피 그라인더

흘리지 않게 살며시

뽀글뽀글 올라오기 시작합니다

시즌 홈메이드, 시작했습니다

최근 드라이 후르츠와 붉은 차조기 주스 만들기에 빠져있어요. 간단하게 할 수 있는 시즌 홈메이드입니다. 저는 거의 집에 틀어박혀서 일하기 때문에 집에 있으면서 조금이라도 계절을 느끼고 싶어서 시작했습니다.
드라이 후르츠는 가격이 싼 제철 과일을 얇게 썬 다음, 100℃로 예열한 오븐에서 한 시간 구워줍니다.
처음에는 건강 간식을 사러 매장에 갔는데, 판매하는 드라이 후르츠는 모두 비싸더라고요. 그렇다면 그냥 내가 만들어봐야겠다는 생각이 들어서 도전해 보았습니다.

홈메이드 붉은 차조기 주스. 구연산이 듬뿍 들어있어 더위 먹는 것을 막아줍니다.

얇게 자른 과일을 한꺼번에 오븐에 넣고 구워요.

설탕 제로, 무첨가 홈메이드 드라이 후르츠 완성

붉은 차조기 주스는 단골 청과물점에서 대량으로 붉은 차조기를 구입한 것이 계기가 되었습니다. 상품과 함께 받은 레시피를 따라서 만들어봤더니 맛있는 주스가 완성되었습니다.
탄산수에 섞어 마시면 더욱 맛있다는 것을 발견. 이제부터 여름철 단골 홈메이드 메뉴가 될 것 같습니다.

저녁 시간

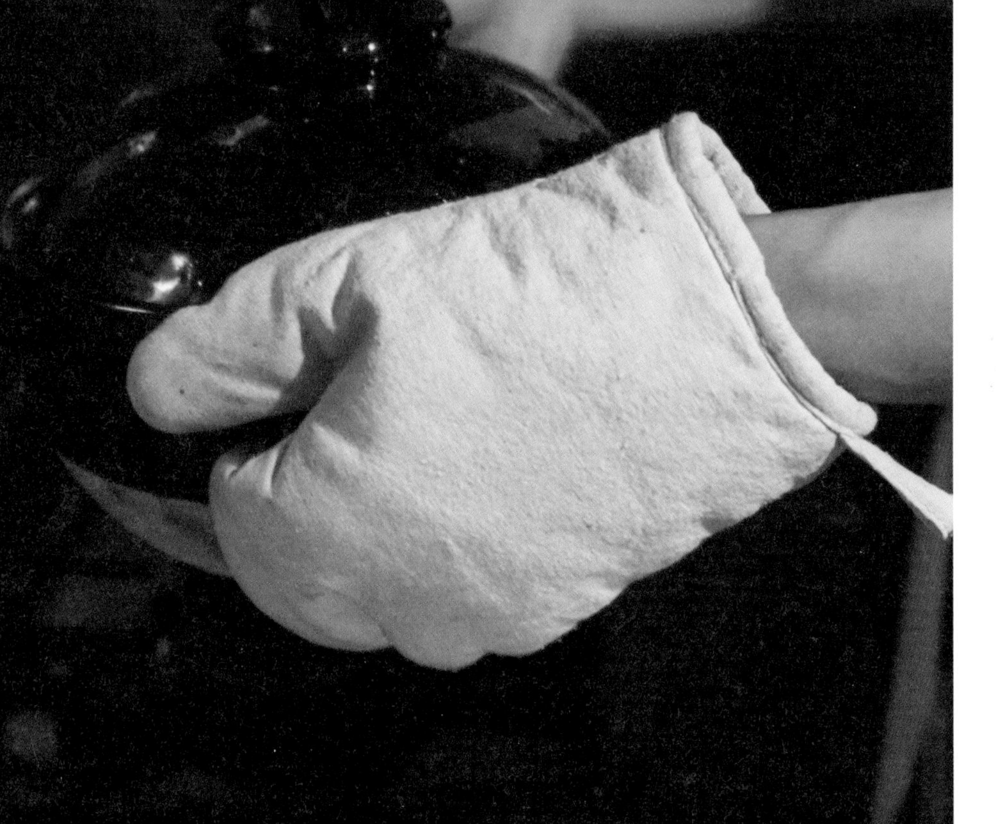

달리기와 저녁 만들기, 가끔은 혼술

바나나와 우유에 벌꿀을 약간

믹서에 넣고 갈아요

바나나 스무디를 와인잔에 담아

오늘은 목이 말라서 샤워 전에 마셨어요

일을 끝내는 시간은 항상 오후 5시쯤. 이 무렵에는 창문으로 들어오는 햇빛이 약해져서 방안에 그늘이 지기 시작합니다.

일을 마치면 운동복으로 갈아입고 달리기를 하러 나갑니다. 뛰면서 오늘 저녁은 뭘 먹을지 생각해 보고 들어오는 길에 과일가게나 마트에 들러요.

집에 돌아와서 샤워를 마치고 바나나 스무디를 한 잔.

7시쯤부터 저녁을 만들기 시작합니다. 아침과 마찬가지로 한 시간 정도 걸립니다.

작업이 일단락되어 '오늘은 술이라도 한잔하면서 느긋하게 보내야지' 하는 날에는 두 시간 정도 안주와 맥주를 즐길 때도 있습니다. 중간에 안주가 떨어지면 다시 부

해질녘의 부드러운 빛이
도구들을 비춥니다

억으로 가서 만들어 먹습니다. 마음이 내킬 땐 직접 수타우동을 만들거나 오징어를 손질해서 구울 때도 있어요. 일주일에 한 번 정도 이런 혼술을 즐깁니다.

저녁 식사를 마친 후부터 자기 전까지 SNS를 체크하거나, 시간이 되면 영화를 보기도 합니다. 팥을 조려 단팥을 만들거나, 잼을 만들거나, 다음 날 먹을 간식용 케이크를 만들 때도 있습니다.

잠자리에 드는 시간은 10시쯤. 자기 전에 잊지 말고 해야 할 일은 내일 먹을 아침 준비입니다. 밥으로 정했다면 쌀과 다시마를 물에 담가놓고, 양식이라면 제빵기를 세팅하고 잡니다.

신발은 7켤레. 하지만 수집 취미는 없습니다

신발이 공중에 떠 있는 것처럼
보인다는 말을 들었던 슈즈랙

최근 신발 정리를 했습니다. 지금 있는 신발은 전부 7켤레. 물건을 소유하지 않으려는 것에 비해서는 많다고 생각될지도 모릅니다. 수집 취미는 없기 때문에 각각의 목적에 맞춰 바꿔 신습니다.

자주 신는 것은 나이키 운동화. 평소 신는 것은 2켤레였는데, 지난번 안 쓰는 물건 체크(p72) 때 거의 신지 않는다는 것을 인식하고 처분했어요. 결국은 가장 마음에 드는 것만 신게 되기 때문에 그 이외는 불필요하다고 판단한 것입니다.

그리고 한 달에 2~3회 참가하는 풋살 경기에 필요한 실내용과 실외용 풋살화. 달리기용 신발과 주 2회 정도 가는 체육관의 헬스용 신발이 있습니다.

또 정장용 구두와 샌들도 갖고 있어요.

샌들은 SHAKA라는 브랜드인데 사계절 애용하고 있습니다. 가까운 곳에 갈 때는 발을 쓱 넣기만 하면 되고, 벨트를 조이면 장거리도 걸을 수 있어요. 쿠션 상태가 좋아 발이 지치지 않기 때문에 대만과 태국 여행 때는 이것 한 켤레로 지냈습니다.

여름에는 거의 이 샌달

현관은 매우 좁아서 신발을 둘 공간이 없습니다. 그래서 벽에 수납할 수 있도록 DIY로 슈즈랙을 만들었습니다. 벽 양 끝에 목재를 세우고, 그 사이에 와이어 2개를 걸쳤습니다. 신발을 와이어 위에 올려놓는 것이지요. 와이어를 이용한 이유는 공간이 부족했던 것과 신발 바닥의 지저분한 것이 아래로 떨어져 청소가 편했기 때문입니다. 보기보다는 꽤 안정적입니다.

현관 주변에는 DIY가 또 하나. 현관과 부엌 사이에 파티션을 만들었습니다. 현관에서 부엌이 훤히 보이는 것이 싫어서 가림막용으로 만든 것입니다. 또 선반 밭이에 후크를 달아서 코트나 가방을 걸 수 있도록 했습니다.

합판의 안쪽도
멋스러우니까 그대로

전골에 피자에 스파게티, 조림과 훈제까지

닭가슴살과 다시마 육수를 베이스로

채소를 자릅니다

음, 딱 알맞게 익었네

완성입니다. 저녁은 약간 부족한 듯하게 먹어요

저녁으로는 전골을 자주 만듭니다. 고기나 생선, 채소를 듬뿍 넣은 전골은 한 냄비로 단백질과 식이섬유를 모두 섭취할 수 있으므로 여름을 포함해서 일 년 내내 만들고 있습니다. 특히 닭가슴살과 다시마 육수로 만드는 닭소금탕은 일품입니다.
저는 아무튼 요리를 좋아하기 때문에 저녁에도 여러 가지를 만듭니다.
도우 반죽부터 시작해서 피자를 만들기도 하고, 파스타 머신으로 생파스타를 뽑아 스파게티를 만들기도 하고, 수제 화이트소스로 그라탕을 만들기도 합니다. 또 생선을 손질해 조림과 생선회를 즐길 때도 있고, 작은 아웃도어용 훈제기로 치즈나 고기 훈제를 만들기도 합니다.

"영상을 찍으려고 일부러 손이 많이 가는 요리를 만드는 건가요?"라는 질문을 받기도 하는데, 저는 영상을 위해서 뭔가를 일부러 기획하지 않습니다. 있는 그대로의 나를 드러내는 것이 제 유튜브의 매우 중요한 요소라고 생각하기 때문입니다. 계획했던 하루 일을 끝내고 저녁 준비에 몰두할 수 있는 이 시간이 좋아서 영상 촬영이 있든 없든 제 저녁 준비는 늘 이런 느낌입니다.

피곤해서 저녁 만들 엄두가 나지 않을 때나 배가 별로 고프지 않을 땐 파인애플이나 요구르트로 끝내기도 해요. 또한 저녁 식사는 마음 내키는 대로 만들고 싶기 때문에 재료를 한꺼번에 사거나 반찬을 만들어 두지 않습니다.

우리 집 저녁 메뉴 컬렉션

메뉴 — 1

닭튀김
소금물에 데친 소송채
실곤약 수프
밥
맥주

닭고기를 푸른 차조기잎으로 감싼 튀김. 산뜻한 맛으로 완성. 맥주와 잘 어울립니다.

메뉴 — 2

꽁치와 버섯이 들어간
뚝배기 영양밥
무청 무침
무 된장조림
맥주

영양이 풍부한 제철 식재료를 적극적으로 먹습니다.

메뉴 — 3

버섯과 닭고기를 넣은 달걀찜
두부튀김 조림
버섯과 나물 된장국
낫또
녹차

달걀찜이 너무 먹고 싶어서 첫 도전. 나머지는 간소하게 했습니다. 이런 날도 자주 있어요.

메뉴 — 4

향신료 카레
그린 샐러드
맥주

신오쿠보에서 향신료를 구입해 저녁으로 향신료 카레를 만들었어요.
요즘 향신료 카레에 푹 빠져있습니다.

프라이팬으로 난 만들기. 더위 먹는 것을 방지하기 위해서 카레에는 야채를 듬뿍

메뉴 — **5**

토마토 카레
수제 난
파인애플
맥주

뚝배기로 지은 따끈따끈한 밥에 폭신폭신하게 부푼 달걀을 풀어서 만든 닭고기 달걀덮밥. 이날은 아침부터 닭고기 달걀덮밥으로 정해두었어요.

메뉴 — **6**

닭고기 달걀덮밥
매콤한 가지무침
버섯을 잔뜩 넣은 된장국
맥주

집밥다운 한 상. 직접 손으로 반죽한 수제 햄버그스테이크는 케첩과 함께 먹습니다.

메뉴 — **7**

햄버그스테이크
경수채 샐러드
무청과 무 수프

튀김은 작은 냄비에 튀겼습니다. 생각보다 바삭바삭해요.

메뉴 — **8**

새우, 표고, 고구마 튀김
무조림
유부와 버섯과 파를 넣은 된장국

그릇과 요리. 내 인생의 두 번째 도예교실

선반에 올려 둔 그릇 중에서 고릅니다

요리는 만드는 것뿐만 아니라 그릇 선택과 보기 좋게 담는 것도 즐거움의 하나. 요리가 다 되면 테이블 위에 그릇들을 나란히 올려놓고 어디에 담을지 생각합니다. 반대로 그릇에 예쁘게 담고 싶어서 그릇에 어울리는 특정 요리를 만들 때도 있습니다.

제가 그릇을 선택할 때나 담을 때 유의하는 점은 식재료와 그릇 색깔의 균형이에요. 예를 들어 연어를 담는다면 붉은 기가 있는 연어와는 반대색인 파란색 계열의 그릇을 고릅니다. 검은빛이 도는 꽁치라면 흰 바탕의 그릇을 선택합니다.

그릇의 크기는 식재료에 비해 두 배 정도 커서 여백이 생기는 것을 고르면 요리가 한 단계 더 업그레이드된 느낌이 듭니다.

음, 어느 것이 좋을까?

그릇 사랑이 더 심해져서 1년 전부터 도예학원에 다니기 시작했습니다. 저는 만들고 싶은 그릇의 모양이 분명했기 때문에 처음부터 내 마음대로 만들 수 있는 곳을 찾았습니다. 가까스로 이 교실과 만났고, 30대인 도예가 선생님께 배우고 있어요.

접시나 도자기 프라이팬 등 초보자에게는 어려운 작업에 바로 도전했기 때문에 당연한 결과로 실패했습니다. 그때마다 선생님은 따뜻한 눈으로 지켜보시며 몇 번이고 다시 도전할 수 있게 해주셨어요. 선생님을 만나지 못했다면 지금까지 계속하지 못했을 것입니다.
도예학원에 다니는 것은 제 인생에서 두 번째. 첫 번째는 어릴 때 엄마를 따라서 다닌 동네 도예교실이었습니다. 제가 요리와 그릇을 좋아하는 것은 어머니의 영향을 받은 것 같아요. 6인분의 집안일과 식사 준비, 육아를 하면서 과자와 빵을 손수 만들고 아이의 손을 잡고 도예교실에 다니며 그릇까지 만들었다니 어머니의 열정에는 감복하지 않을 수 없습니다.

물레를 돌리고 있으면 무념무상이 됩니다.

망간유로 마무리한 까맣고 매트한 그릇

지금까지 만들어온 그릇들. 모두 기분 좋은 얼굴입니다.

도예를 할 때는 오로지 눈앞의 것에만 집중하게 됩니다. 점토의 굳기가 전체적으로 균일해지도록 반죽합니다. 손으로 빚을 때는 점토 덩어리를 손가락으로 누르면서 펴줍니다. 또는 물레에 얹어 모양을 빚거나 쫄대와 밀대를 이용해서 점토를 얇게 펴서 성형하기도 합니다.
이런 작업에 일사불란하게 몰두하다 보면 점점 무아지경에 이르게 됩니다. 생각해 보면 이 감각은 집안일에 몰두하고 있을 때와 비슷한 것 같아요.

구와자와 디자인 연구소의 나날들

22살 때부터 2년 동안 디자인 전문학교인 구와자와 디자인 연구소에 다녔습니다. 이곳에서 배운 것들은 이후의 제 삶의 핵심이 되었습니다. 디자인, 사물에 대한 사고방식, 일에 대한 자세, 생활 방식, 물건 선택의 기준 등, 모든 면에서 영향을 받았어요.
1학년 때 건축가인 오마츠 토시키 선생님의 수업에서 뺄셈의 사고를 배웠습니다.
한 수업에서 가로세로 6x6m 크기의 집을 설계하는 과제를 내주셨습니다. 꽤 협소주택입니다.
저는 제 나름대로 생각해서 설계한 모형을 제출했는데 결과는 엉망진창.
선생님은 이 기둥은 왜 여기에 세웠는지, 왜 이곳에 창문을 냈는지, 일조시간과 빛이 들어오는 방향은 생각한 것인지, 왜 거실을 이곳에 배치했는지, 어떤 가족이 어떤 라이프스타일로 무엇을 바라며 사는 집인지 등, 설계 하나하나의 의미에 대해서 철저하게 물어보셨습니다. 그러나 저는 그 질문에 거의 대답할 수 없었습니다.
저는 제대로 된 작품을 만들어 제출했다고 생각했지만 얼마나 아무 생각 없이 만든 것인지 깨달았습니다. 선생님께서는 하나하나 의미를 부여할 것, 쓸데없는 것을 줄일 것 등을 엄격하게 지도해 주셨습니다.
그때까지의 저는 인테리어는 장식이라고 생각했기 때문에 설계라는 것은 무엇인가를 더하는 것이라고 생각했습니다. 물론 설계는 덧셈의 부분도 많이 있지만 뺄셈의 사고방식을 받아들여야 새로운 것이 생긴다는 것을 알게 되었습니다. 과제에 쫓겨 시간과 체력 모두 고갈된 나날이었지만 내 속에 새로운 관점이 생겼다는 것을 실감하고 있었습니다.

집 인테리어에도 변화가

불필요한 것을 없앤다는 사고를 명심하면서 집 인테리어와 물건 선택에 대한 의식도 변해갔습니다. 이사한 지 얼마 되지 않았을 때는 귀여운 잡화를 빼곡하게 두었습니다. 부엌은 숲속 이미지로 만들고 싶어서 천장부터 드라이플라워를 매달고 유리 오브제로 장식했습니다. 거실은 미국 차고풍으로 꾸몄는데 핫도그가 그려진 양철 간판을 걸어두었습니다.
그 무렵의 집 꾸미기는 덧셈 방식이었습니다. 그저 좋아 보이는 물건으로 자꾸 채우다 보니 자연히 물건은 늘어났고 통일감도 없었어요. 그런데 수업을 받으면 받을수록 더 간소하고 단순해졌습니다. 최대한 물건을 두지 않았고, 물건을 사더라도 젓가락 받침 하나부터 건전지 한 개에 이르기까지 '이게 정말 필요할까?'라고 생각하게 되었습니다. 집 꾸미기에도 이제 뺄셈을 적용하게 된 것입니다.

졸업작품으로 우수상을 수상

2학년이 되어 디자이너인 시노자키 다카시 선생님의 수업을 받았습니다. 2학기 때는 디자인 실습이 있는데 그중에서 졸업작품전에 전시될 작품들을 뽑습니다. 실습에서 테마가 주어지면 그에 따라 작품을 만들게 되어 있었습니다.
한 실습에서 주어진 테마는 숫자 '3'이었습니다. 저는 우선 '3'에 대한 조사부터 시작했습니다. 컵라면은 3분이면 완성된다, 일본 전통악기인 사미센 줄은 3줄, 이 세계는 3차원이다, 3인칭, 삼각관계. 이 세상에는 '3'이라는 숫자가 넘쳐흐르고 있었습니다. '3'에 대해 조사하고 생각하는 사이에 '3'은 울타리가 생기는 숫자라는 것을 깨달았어요. 예를 들면 막대기 2개만으로는 울타리를 만들 수 없지만 3개가 있으면 삼각형을 만들 수 있습니다. 또 사람은 울타리 속에 있으면 안정감을 얻을 수 있습니다. 3에 대해서 생각하는 것과 동시에 소재에 대해서도 생각을 해봤습니다. 인간은 예로부터 나무에 둘러싸여 살아왔습니다. 직접 나무를 만지거나 가까이에 나무의 존재를 느껴봄으로써 편안함을 얻게 되지 않았을까요.
이런 발상에서 세 개의 나무 막대를 이용한 의자를 만들기로 했습니다. 삼각형 꼭짓점에서 긴 나무 막대가 뻗어 나가는 디자인으로, 앉으면 나무에 둘러싸인 듯한 느낌을 맛볼 수 있습니다. 막대에 기대거나 옷을 걸어둘 수도 있어요. 작품명은 'T(h)ree chair'.
졸업작품전에 이 작품이 전시되었습니다.
졸업작품전은 선생님과 객원 심사위원의 심사를 통해 뛰어난 작품에 우수상이 수여됩니다. 제 작품 'T(h)ree chair'는 그해 우수상으로 선정됐습니다. 야간부에서 선출된 것은 저 한 사람뿐이었습니다. 2년간 꾸준히 해왔던 것이 결실을 맺는 순간이었습니다. 오마츠 선생님과 시노자키 선생님을 비롯해 도쿄행을 허락해 주신 부모님께도 감사하는 마음으로 가득했습니다.
사실 재학 중에 앞에서 말한 <1000%의 건축>의 저자이신 다니지리 마코토 선생님이 객원교수로 계셨습니다. 저는 물론 그 수업에 출석했지만 너무 열렬한 팬이었기 때문에 긴장해 버려서 선생님의 모습을 힐끔힐끔 훔쳐보기만 했을 뿐 직접 마음을 전할 수 없었습니다.

평범한 생일을 보내는 법

평소보다 조금 공들여 청소

보통 때와 마찬가지로 좋아하는 것을 만들어서 먹습니다.

좋은 하루, 좋은 1년이 될 것 같은 예감

2019년 4월 21일에 25살이 되었습니다.
이날의 모습을 담은 영상을 유튜브에 올렸는데 시청자분들의 호평을 받으며 많은 메시지를 받았습니다. 지금도 이날 영상에 댓글이 많이 달리는 것 같습니다.
생일날. 여느 때처럼 새벽 5시에 일어나서 아침을 만듭니다. 이날은 전날부터 동생이 자러 와 있었어요. 그릴에 할아버지가 보내주신 생선을 굽고 팽이버섯, 파, 유부를 넣고 된장국을 만듭니다. 소송채를 끓는 물에 데친 다음 얼음물에 담갔다가 큼직큼직하게 썰어서 무침으로. 참마는 핸드블렌더로 갈아서 걸쭉한 토로로를 만들었어요.
동생이 어머니가 보내주신 생일선물을 가져왔습니다. 중간 접시, 작은 접시, 짱뚱어 모양 수저받침이 한 쌍씩. 곧장 써봅니다. 요리를 접시에 담은 다음, 동생에게 거실로 옮겨달라고 했습니다. 소파에 나란히 앉아 아침을 함께 먹습니다.
본가로 돌아가는 동생을 배웅하고 베란다로 나가 빨래를 널고 거울을 닦고 분단나뭇가지의 물을 갈아줍니다. 밖은 봄날이에요. 간식으로 신시로 차와 함께 딸기 찹쌀떡을 먹습니다. 할아버지가 화과자점을 운영하셔서 옛날부터 화과자를 좋아합니다.

케이크도 좋지만 찹쌀떡도 좋지요.

색감이 왠지 모르게 봄 느낌

소스는 발사믹식초와 꿀의 비율이 포인트

저녁 무렵엔 식재료를 사러 나갔습니다. 저녁은 가지와 토마토를 넣은 냉파스타와 닭가슴살 소테. 가지는 삶고 닭가슴살은 만가닥버섯과 함께 소테해줍니다. 소스는 발사믹식초와 꿀과 버터를 바글바글 끓여서 만들었어요. 둘 다 흰색 접시에 보기 좋게 담아줍니다. 새로 산 후추그라인더로 흑후추를 갈아서 뿌려주면 완성입니다. 혼자서 생일 저녁 식사를 즐겼어요.

평소와 다름없이 집안일을 즐기고 하늘을 올려다보고 맛있는 밥과 간식을 먹은 하루였습니다. 특별한 일은 아무것도 하지 않고 덤덤하게, 하지만 즐겁게 생일을 보내는 모습이 많은 분들의 마음에 남았던 것 같아요.

시청자분들의 댓글 중에 "평범하다는 건 참 좋네요"라는 말이 있었어요. 그걸 읽었을 때 저도 바로 '평범한 하루라 참 좋다'라는 생각을 하고 있었답니다. 생일이니까 뭔가를 하려 했다든지, 의식적으로 그냥 똑같이 보내려고 의도한 것도 아닙니다. 딱히 깊게 생각하지 않고 그저 제가 좋아하는 대로 보통의 하루를 보냈을 뿐입니다.

생활의 즐거움을 많은 사람과 공유할 수 있었던 이날, 새삼 일상생활을 유튜브에 올리길 잘했다는 생각이 들었습니다. 분명 좋은 1년이 될 것 같아, 그렇게 확신했던 25살 생일이었습니다.

직접 만든 요리로 손님을 대접하는 행복

저희 집에는 사람들이 자주 방문합니다.
고향에 사는 가족들이나 고등학교와 대학 친구들, 또 전문학교 시절 친구들입니다. 누가 놀러 오든 밖에 나가서 먹는 경우는 거의 없습니다. 대부분 제가 직접 만든 요리를 모두에게 대접하고 있어요. '레스토랑 OKUDAIRA BASE'가 문을 여는 것이지요. 혼자서 음식을 만들어 먹는 것도 물론 좋아하지만, 누군가를 위해서 요리를 하고 그것을 맛있게 먹는 모습을 바라보는 즐거움에 비할 수 없을 것입니다. 소중한 사람들을 직접 만든 요리로 대접한다. 세상에 이것 이상으로 행복한 일은 없지 않을까요?

본가를 나와 혼자 살기 시작한 것은 18살 때. 당시 살던 집 근처에는 학생들이 편하게 모일 수 있는 카페나 레스토랑이 없었기 때문에 자연스럽게 우리 집에 모이게 되었습니다.
집안일과 요리를 좋아하기 시작한 저는 지금보다는 훨씬 서툴렀지만 놀러 온 친구들에게 음식을 만들어서 대접하는 것이 즐거웠습니다. 모두들 맛있다며 칭찬해 주었고, 거기에 완전히 취해버린 저는 사람들을 기쁘게 해줄 만한 다양한 메뉴를 고안했습니다. 의외로 사람들을 행복하게 해주는 것을 좋아하는 저의 새로운 일면도 발견했어요.
현재 우리 집 손님맞이용 단골메뉴는 홈메이드 피자입니다.

오븐이 열어준 생활의 대화

베이크드 치즈케이크와 라타투이가 환영받았습니다.

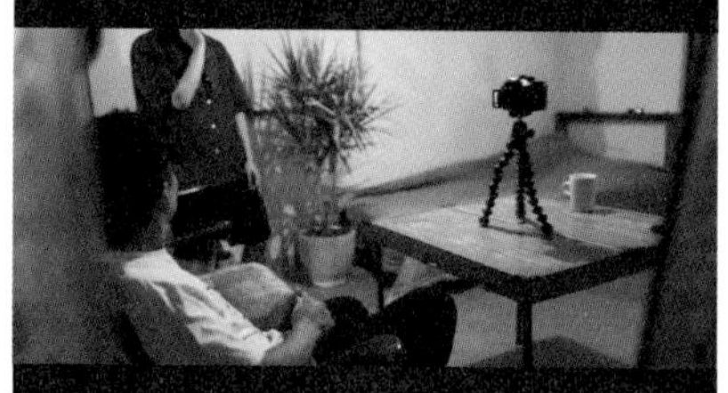

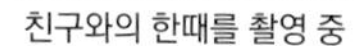

친구와의 한때를 촬영 중

자연스럽게 부엌으로 사람들이 모입니다.

매장에서 먹는 것 같은 본격적인 피자를 집에서 굽는 것이 꿈이었습니다. 그래서 전문학교 때 큰마음 먹고 고기능 오븐을 구입했습니다. 도시바의 '돌가마 돔 : ER-SD3000'입니다. 가격은 70만 원 정도. 집세보다도 비싼 쇼핑이었습니다.
300℃ 고화력으로 재빨리 구울 수 있기 때문에 피자 도우의 수분이 날아가지 않아 표면은 바삭하지만 속은 몽실몽실하게 잘 구워집니다. 내부 천장이 돌가마처럼 아치 형태라 열의 대류가 잘 일어나서 고르게 익습니다. 피자의 경우 한 번에 4판을 구울 수 있어요. 깔끔한 디자인도 제 취향이었습니다.
이게 있으면 피자 가게에서 먹는 것 같은 피자를 구울 수 있겠다, 친구들이 많이 모여도 기다리게 하지 않고 갓 구운 피자를 제공할 수 있겠다, 그런 상상을 하며 마음이 설렜습니다.
오븐을 장만하고 예상외로 기뻤던 것은 오븐에 구운 피자나 케이크, 또 요리를 먹은 친구들이 피자 만드는 법이나 조리기구에 관심을 가져줬다는 것입니다. 맛있는 것을 먹으면서 학창 시절의 추억이나 지금 하고 일, 그리고 스포츠 이야기를 하는 것도 즐겁지만 저는 역시 살아가는 이야기를 할 때가 가장 즐겁고 생활의 재미에 공감해 주는 사람이 많아지는 것이 무엇보다 좋습니다.

집에 TV가 없는 이유

지금 저희 집에는 TV가 없습니다. 도쿄로 온 후 얼마 뒤에 처분하고 그 이후로는 계속 TV 없는 생활을 하고 있어요.

대학교 때 일인데, 늘 그랬듯이 친구들이 놀러 왔습니다. 그때는 집에 TV가 있어서 TV를 켜놓고 다 같이 술을 마시고 있었어요. 무슨 프로인지는 잊어버렸는데 문득 정신을 차리고 보니 모두들 TV에 집중하고 있었습니다. 화제도 그 프로그램 위주여서 서로 눈을 마주치지 않고 화면을 보면서 이야기를 하고 있었어요. 저는 학교 이야기나 아르바이트에 대한 것, 아니면 소소한 잡담 같은 걸 하고 싶었는데 뭔가 허전했고 무엇을 위해 모인 것일까 하는 생각이 들었습니다.

돌이켜보면 저 혼자 있을 때도 TV를 보는 시간이 은근히 많다는 걸 깨달았어요. 보고 싶은 프로그램이 있거나 알고 싶은 정보가 있어서 어떤 목적을 갖고 TV를 본다면 괜찮겠지만 그냥 습관적으로 켜놓는 것은 자기도 모르는 사이에 시간을 도둑맞는 느낌이었습니다.

TV를 없앴더니 자유시간이 늘었어요. 요리와 DIY를 할 시간이 늘어난 것은 물론 자전거와 풋살도 다시 시작했습니다. 시간이 없다는 생각에 그만두었던 도예교실과 가고 싶었던 나홀로 캠핑도 시작할 수 있었습니다. 지금 저에게 취미가 많은 것은 TV를 처분했기 때문일지도 모릅니다.

TV보다 재미있는 일이 늘었습니다.

우리 집안의 설날

이것은 여름에 모였을 때 모습. 설날도 거의 이런 느낌입니다.

제가 설날을 보내는 방법은 매년 거의 같습니다. 연말이 되면 본가로 돌아가서 한가롭게 보냅니다.
새해 인사를 하러 가족 모두가 친조부모님 댁을 방문해서 어릴 때부터 계속 변하지 않는 정월음식을 먹고, 친척 일동이 모여서 기념사진을 찍습니다. 외조부모님과는 산 위에 있는 절로 새해 참배를 하러 갑니다.
제가 도쿄로 돌아올 때에는 가족 전원이 함께 도쿄에 놀러 오는 것이 저희 집안의 연례행사. 도쿄 구경을 하고 아들이 어떻게 사는지를 확인하고 저희 집에서 1박을 하고 돌아갑니다.
밤에는 거실에서 가족 6명이 쪽잠을 잡니다. 아버지랑 제가 침대에 엇갈리게 누워서 자고 어머니는 소파, 동생들 셋은 마룻바닥에서 침낭을 놓고 잡니다.
다음 날 아침에는 제가 여섯 명분의 음식을 만듭니다. 일식으로 먹는 경우가 많아 평소처럼 육수를 내서 된장국을 만들고 뚝배기에 밥을 짓습니다. 생선을 굽고 나물도 데칩니다.
아버지는 전통여관 같다고 하십니다. 어머니는 '어머, 이런 것도 만들 줄 아네' 라는 느낌으로 드시면서 재료나 만드는 방법에 대해 질문을 하세요. 동생들은 항상 무덤덤하게 먹습니다. 무슨 생각을 하는지 궁금하네요.
작년부터 형제 4명이 모두 사회인이 되었기 때문에 앞으로 이 연례행사는 하기 어려울 것 같습니다.

엄마와 친구분들, 동생과 그의 여자친구

얼마 전에 기쁜 일이 있었어요. 어머니가 본가 근처 친구분들과 함께 놀러 와 주신 것입니다. 방에 들어서자마자 DIY로 만든 벽을 만져보시고 주방도구를 관찰하시고 소파에 앉았을 때 편한지를 확인하시면서 즐거워하셨어요. 저는 어렸을 때 챙겨주셨던 보답의 마음을 담아 아보카도와 감자를 올린 피자 두 판과 베이크드 치즈케이크를 만들었습니다. 다들 무척 좋아해 주셨어요. 이런 기회를 주신 어머니께 감사드립니다.

이날 아버지는 운전기사 겸 카메라맨 겸 커피 담당. 묵묵하게 작업하시는 아버지의 모습에 자꾸 웃음이 나왔습니다.

제가 어릴 때 이야기를 하셔서 쑥스러웠어요.

너무 짰던 달걀말이에서 조금은 성장했을까요.

그리고 2주 후, 이번에는 셋째 동생이 여자친구를 데리고 왔습니다. 원래 다른 지역에 사는 두 사람. 도쿄로 놀러 온 김에 들른 것 같습니다. 맏형으로서 솜씨를 보여주지 않을 수 없죠. 점심으로 밀가루를 반죽해서 빵을 만들고, 블랙올리브를 넣은 패티를 만들어 토마토, 아보카도를 곁들인 햄버거를 만들었습니다. 후식으로는 레어 치즈케이크와 카페오레를 준비했습니다.

과묵한 동생이 "가게에서 먹는 것보다 맛있어"라고 칭찬해주었습니다. 동생의 여자친구에게도 호평을 받았습니다. 언제든지 또 놀러 와 주면 좋겠습니다.

'제 동생을 잘 부탁합니다' 라는 마음으로 대접

가게보다 맛있다는 말을 들은 케이크

학자금대출 30만 원과 아르바이트비 50만 원으로 생활

2013년 봄, 떳떳하게 대학에 합격한 저는 아이치현의 미하마정이라는 바닷가 작은 시골마을에서 그토록 원했던 혼자살기를 시작했습니다. 처음으로 빌린 아파트는 거실 약 4평에 주방이 있는 구조. 지은 지는 거의 20년, 집세는 26만 원이었습니다.
학자금대출을 신청해서 월 30만 원씩 빌릴 수 있게 되었습니다. 월세는 학자금대출로 충당하고 생활비는 아르바이트를 해서 벌기로 했습니다. 처음 했던 아르바이트는 주차장 정비일. 단기 아르바이트였고 시급은 9000원. 주위에는 연배가 높으신 아저씨들만 계셔서 그다지 대화가 통하지 않아 2주만 하고 그만두었습니다.
다음은 피자 배달이었습니다. 시급은 마찬가지로 9000원. 피자를 좋아하는 마음이 커져서 시작했는데 길을 잘 찾지 못해 다른 사람보다 배달시간이 많이 걸렸습니다. 설마 했는데 저는 길치였던 것입니다. 제겐 맞지 않는 일이라고 판단해서 한 달 만에 단념했습니다. 저는 업무를 할 때는 특별한 문제가 없었지만 저보다 위치가 높은 사람이 있으면 아무래도 그 사람에게 의지해 버리고 스스로 사고하지 않는 경향이 있다는 것을 알게 되었어요. 업무에 대해서 고민하지도 않고 그저 시키는 대로 일을 처리하는 로봇처럼 일하고 있었습니다. 그런 자신에게 스트레스를 느끼게 되었고, 나에게 팀워크는 맞지 않는다는 것을 확실히 깨달았습니다.

사료 만들기와 과외교사

2학년이 되면서 소 사료 만드는 아르바이트와 과외를 시작했습니다.
소 사료 만들기는 직원분과 둘이서 콩비지와 옥수수를 큰 기계에 넣고 믹스하여 1톤씩 포대에 담는 일이었습니다. 다 담은 후 기계를 이용하여 포대를 공터로 옮기고 나열하는 일까지 합니다. 시급은 1만 원. 무미건조한 일이었지만 들판과 넓은 하늘에 둘러싸여 소를 바라보며 가끔 머리를 비울 수 있는 이 일은 제 성격에 맞았습니다.
과외는 중학교 1학년 남학생에게 5과목을 가르쳤습니다. 누구를 가르치는 것이 재미있었고, 그 학생의 성적도 쑥쑥 올라갔습니다. 학년 꼴찌였던 이과 성적이 3개월 만에 20등 이내가 되었습니다. 점수를 따는 기쁨을 알게 된 아이는 그 후에도 계속 성적을 올렸습니다. 학생의 부모님이 저에게 장어덮밥을 사주시기도 하고 보졸레 누보를 주시는 등 너무나 잘해주셨어요. 처음에는 90분에 4만 원이었지만 성적이 올랐고 최종적으로 수업 횟수가 늘어서 수입도 올랐습니다.

이 두 가지 일을 경험하면서 알게 된 것은 자기에게 맞는 일을 해야 한다는 것이었습니다.

본가로 돌아와서 저축 시작

대학교 3학년이 되면서 본가에서 다닐 수 있는 거리로 캠퍼스가 변경되어서 부모님 집으로 다시 돌아왔습니다. 집세와 생활비의 부담은 사라졌지만 대학 졸업 후에 도쿄의 디자인학교로 진학할 생각이었기 때문에 저축이 필요했고, 다시 아르바이트를 열심히 했습니다.
이번에는 가구와 카메라, 헌옷 등 중고품을 취급하는 재활용품점에서 일했습니다. 시급은 8500원. 이곳에서 습득한 물건의 좋고 나쁨, 시대의 유행을 판별할 수 있는 안목은 이후 제가 물건을 선택할 때의 기초가 되었습니다.
사람과의 만남도 행복했습니다. 단골손님인 가와이 씨에게는 레코드부터 자동차까지 빈티지에 관한 지식과 이야기를 배웠습니다. 3살 연상의 부점장 나이토 씨와는 함께 사이클링을 다니고 스케이트도 타고 옷도 사러 가고 방 리모델링을 돕는 등, 사적으로도 자주 어울렸습니다. 저에겐 형과 같은 존재가 되었고, 멋과 재미에 철저히 집착하는 그의 삶의 방식에 많은 영향을 받았어요.

그렇게 본가로 돌아와서 도쿄로 갈 때까지 모든 돈은 400만 원. 1년 반 동안 놀이와 쇼핑도 그런대로 즐기면서 한 달에 2~30만 원 정도를 저축할 수 있었습니다. 또한 본가로 돌아온 이후로는 나중에 대출상환 부담을 생각해서 학자금대출은 받지 않았습니다.

대학생 시절의 가계부

수입	
학자금대출	300,000원
아르바이트	500,000원

지출	
주거비	260,000원
통신비	100,000원 (스마트폰)
공과금	80,000원
식비	120,000원 (거의 집밥. 도시락도 지참)
일용품비	50,000원
교통비	30,000원
교제비	100,000원
미용비	30,000원 (헤어컷)
잡비	30,000원
합계	800,000원

저축 200만 원으로 시작

대학 졸업까지 기다리지 않고 4학년 11월에 도쿄로 이사했습니다. 이 집을 다른 사람에게 빼앗기고 싶지 않다는 강한 마음 때문에 신중한 성격인 저로서는 드물게 직접 내부를 보지도 않고 결정해 버렸습니다.
새집으로 가져온 것은 옷들과 직접 만든 스탠딩 옷걸이, 냉장고, 흔들의자, 주방도구. 아버지 차에 짐을 싣고 아이치현에서 도쿄의 새집으로 이사했습니다. 새로 구입한 물건은 침대와 10만 원짜리 전자레인지 정도입니다. 본가에 살면서 모은 400만 원 중 보증금, 중개료, 이사비가 200만 원 정도 들었기 때문에 새 생활은 남은 저축 200만 원으로 시작했습니다. 지금 생각하면 조금 더 모아올 걸 그랬나 싶은데, 그때는 어쨌든 빨리 도쿄로 가고 싶어 견딜 수가 없었어요.
이때는 아직 전문학교 입학시험도 보지 않은 상태였습니다. 11월에 있을 면접시험을 기다리는 중이었는데, 저는 자신만만이었어요. 나에게 자신이 있었다기보다는 나의 미래를 끝까지 믿고 있었던 것이라고 생각합니다.

개강 때까지 DIY 삼매경

본가에 있을 때 일했던 재활용품점의 도쿄 지점에서 아르바이트를 할 수 있게 되었습니다. 시급은 9000원.
개강하는 4월까지 6개월 동안 주 4일씩 일했습니다. 월수입으로 따지면 100만 원 약간 안 되는 정도입니다. 월세가 48만 원이니까 나머지 52만 원으로 식비, 공과금, 통신비를 해결해야 합니다. 달에 따라서는 20만 원 정도 적자가 나기도 했어요. 그런 달엔 저축해 둔 200만 원을 헐어서 사용했습니다.
아르바이트 이외의 시간은 DIY로 소일했습니다. 인테리어용품 전문점에서 나무를 구입해 원하는 사이즈로 잘라 와서 파티션, 선반, 작업대, 책상을 만들었습니다. 지금 돌이켜보면 적자가 난 첫 번째 원인은 DIY에 든 비용 때문이었던 것 같습니다.

청과물점에 스카우트 되다

면접시험을 무사히 통과해서 4월에 전문학교에 입학하게 되었습니다. 이때는 다시 학자금대출을 받기로 했어요. 금액은 한 달에 50만 원. 딱 월세를 낼 수 있는 금액이었습니다.

개강을 하니 추가로 교통비와 과제를 위한 재료비가 필요해졌습니다. 월세 이외의 생활비는 총 70만 원 정도 들었어요. 공부와 과제물 제작에 집중하고 싶었기 때문에 시간 융통성이 있는 단기 아르바이트를 하기로 했습니다.
야간부라서 일할 수 있는 것은 주로 낮 시간대. 그 당시에 자주 했던 것은 컴퓨터를 세팅하는 아르바이트입니다. 컴퓨터의 각종 세팅과 소프트웨어를 설치하여 업무에 바로 사용할 수 있는 상태로 만드는 것입니다. 반나절 정도의 시간이 들고 일당은 8만 5000원 정도 됐어요. 공부를 우선으로 생각해서 아르바이트는 주 2일 정도만 했습니다.
또 하나 재미있는 아르바이트도 경험했습니다. 집 근처에 있는 청과물점 아르바이트입니다. 이곳엔 차요테나 콜라비, 버터넛 호박 등 희귀 채소가 즐비했습니다.
장 보러 들를 때마다 그것들을 흥미진진한 얼굴로 들여다보는 사이에 점장님과 친해졌고, 그러다가 "여기서 일해보지 않을래?"라고 스카우트 된 것입니다. 2학년 봄부터 가을에 걸쳐 약 반년 동안 일했습니다. 과제 제작으로 바빠져서 그만뒀지만, 채소와 손님들과 함께하던 날들은 무척 충실한 시간이었습니다.
절약이라고 할 정도는 아니지만, 외식은 최대한 피하고 학교에는 도시락을 가지고 다녔습니다. 제가 자주 만들었던 건 향신료 카레 도시락. 국물이 새지 않게 밥과 밥 사이에 카레를 넣은 특제 도시락이에요.

돈이 없어서 고생한 적은 딱히 없었습니다. 다만 어떤 과제를 제작할 때 마당을 표현하기 위해서 잔디밭이 필요했습니다. 보통은 모형전문점에서 파는 재료로 만드는데, 저는 100엔숍에서 파는 인조잔디로 대용했습니다. 그런데 이때만은 선생님께서 좀 더 제대로 된 재료를 사라고 말씀하셔서 반성한 기억이 있습니다.

디자인 전문학교 학생 시절의 가계부

수입	
학자금대출	500,000원
아르바이트	700,000원

지출	
주거비	480,000원
통신비	40,000원 (스마트폰)
공과금	100,000원
식비	150,000원 (거의 집밥. 도시락도 지참)
일용품비	50,000원
교통비	40,000원
교제비	100,000원 (가끔씩 친구들과 식사)
미용비	30,000원 (헤어컷)
잡비	30,000원
과제 재료비	100,000원
합계	1,120,000원

우버이츠를 시작하다

2019년 2월, 이제 곧 전문학교도 졸업입니다. 최근 2년간은 어쨌든 과제에 쫓겼기 때문에 졸업 후 얼마간은 집 DIY와 일상생활을 즐기기로 마음먹었습니다. 이때쯤 이미 유튜브를 시작했지만 직업이 될 것이라고는 생각하지 못하고 일상생활의 모습을 취미로 찍어서 올리고 있었습니다.
최소한 얼마가 있으면 나는 즐겁게 생활할 수 있을까. 집세가 48만 원, 통신비, 학자금대출 상환, 연금보험, 세금 등을 더해서 고정비가 90만 원. 거기에 식비, 공과금, 미용실 비용 등을 넣으면 매월 150만 원 정도 들어갑니다. 즉, 월 150만 원이 있다면 생활을 즐기면서 제 방식대로 살아갈 수 있겠다 생각했습니다.
졸업 후에도 가능하면 시간의 융통성이 있는 단기 아르바이트를 선택했습니다. 학생 때부터 계속해 왔던 컴퓨터 세팅 아르바이트에 더해 새롭게 우버이츠 일을 시작했습니다.
정말 좋아하는 자전거로 도쿄를 돌아다니며 돈도 벌 수 있다니 재미있을 것 같았고, 인간관계에 신경 쓸 필요도 없어 보였어요. 일을 시작해 보니 재미있어서 견딜 수가 없었습니다. 돈은 평균 일당으로 12만 원이 됩니다. 일주일에 4일 정도 일하면 충분히 생활할 수 있는 수준입니다. 이렇게 컴퓨터 세팅과 우버이츠 2가지 아르바이트로 생활을 꾸려갈 수 있었습니다.

갑자기 10만 뷰 대히트

졸업작품 발표를 마친 지 불과 3일 후, 사회인 생활이 시작되려던 바로 그때, 제 인생을 바꿔놓은 사건이 일어납니다.
앞에서 말씀드렸듯이 이때쯤에는 이미 유튜브 영상을 업로드하고 있었습니다. 벽이나 테이블 만드는 모습, 거실과 주방 소개, 육수를 우려내서 된장국 만드는 법, 나홀로 캠핑 등입니다.
어느 날, 평소처럼 영상을 올렸는데 순식간에 10만 뷰를 돌파했습니다. 그때까지의 조회 수는 기껏해야 100회 정도여서 처음에는 무슨 일이 일어났는지 몰랐어요.
그것은 '혼자 사는 일상'이라는 영상이었습니다. 새벽에 일어나서 아침을 만들어 먹고, 사진 편집을 하고, 선인장에 물을 주고, 꽃병의 물을 갈아준다. 낮에는 집에 놀러 온 친구와 피자를 먹고 함께 기치조지로 외출한다. 저녁으로는 전골과 닭다리 요리를 만들어 먹고, 인스타그램의 댓글을 체크한 다음 잠이 든다. 이렇게 특별할 것 하나 없는 하루를 보내는 방법을 기록한 것입니다. 남자가 혼자 살면서 집밥으로 세끼를 챙기는 것이나 꽃병의 물을 갈아주는 것이 흔하지는 않았을지도 모릅니다. 영상 편집과 삽입될 음악을 고민해서 만든 것이라 영상 자체를 좋아해 준 분이 많았을 것 같다는 생각도 듭니다.

언제든 150만 원으로 살아갈 수 있다

이때의 체험으로 영상을 올리는 일이 수익을 낼 수도 있겠다는 생각을 하게 되었습니다. 구글 에드센스에 등록하고 한 달쯤 지나 심사를 통과했습니다.
유튜브에서 수익을 얻기 시작한 후에도 물론 아르바이트는 지속하고 있었습니다. 영상이 히트하고 나서 3개월 정도 되자 유튜브 수익과 유튜브를 보고 의뢰해 주신 기업의 영상 제작만으로 그럭저럭 살아갈 수 있게 되었습니다.
수입은 늘었지만 제 삶 자체는 아무것도 달라진 것이 없습니다. 지금도 세끼를 집밥으로 만들어 먹고 있고 집 안에서 즐기기 때문에 돈을 쓸 일이 거의 없습니다.
돈 관리를 위해 은행 계좌는 두 개를 가지고 있습니다. 기업에서 작업비가 입금되는 업무용 계좌와 거기에서 매월 초에 150만 원을 이체해 놓는 생활비 계좌입니다. 150만 원 계좌를 따로 만든 것은 사용한 만큼 돈이 점점 줄어드는 것을 체감할 수 있기 때문입니다. 여행이나 큰 쇼핑 등으로 목돈이 필요할 때는 업무용 계좌에서 인출합니다.

지금은 감사하게도 2~3개월에 한 번은 여행을 갈 수도 있고 좋아하는 냄비를 살 수 있는 여유가 있지만, 프리랜서이므로 언제 수입이 끊길지 모릅니다.
그래서 늘 생활비 계좌를 보면서 '나는 언제든 150만 원으로 살아갈 수 있다'라는 것을 확인하고 있습니다.

월 150만 원으로 사는 가계부

지출		
주거비	480,000원	
통신비	40,000원	
국민연금보험료	160,000원	
세금	70,000원	
학자금대출(상환)	150,000원	
공과금	90,000원	
식비	150,000원	
일용품비	100,000원	
교통비	50,000원	
교제비	150,000원	(영화티켓이나 친구들과 외식)
미용비	30,000원	(헤어컷)
잡비	30,000원	
합계	1,500,000원	

미래의 일, 수입의 불안, 남자 전업주부, 결혼

"미래에 대해 불안은 느끼지 않나요?"

유튜브 영상을 보신 시청자 여러분들에게 매일 많은 댓글을 받습니다. 그중에서 특히 많은 것이 "미래에 대한 불안은 느끼지 않나요?"라는 질문. 자신도 프리랜서로 일하고 싶다, 유튜버가 되고 싶다, 하지만 잘된다는 보장이 없기 때문에 쉽사리 결단하지 못하고 있다는 분도 계셨습니다.

저는 지금 미래에 대한 불안을 느끼지 않습니다.

미래에는 좋은 일도, 나쁜 일도 당연히 일어나는 게 인생이므로 지금부터 생각해 봤자 그다지 의미가 없기 때문입니다.

늘 눈앞의 하고 싶은 일로 머리가 가득해서 장래의 일을 생각할 여유가 없는 것일지도 모릅니다. 제가 미래에 대한 불안을 느낀다면 그것은 목표와 몰두할 수 있는 것이 없을 때일지도 모릅니다.

고등학생 때는 저도 불안했습니다. 공부도 제대로 하지 않았고, 집에서는 최소한의 심부름을 마지못해 하면서 매일 지루한 일상을 보냈습니다. 지금 되돌아봐도 우울해집니다. 진로를 생각해야 할 때가 되어 '혼자서 살아보고 싶다'라는 강한 열망이 생겼습니다. 그다음부터는 그 열망을 실현하기 위해서 매일 열심히 공부하고 가족을 설득해서 대학에 입학할 수 있었습니다. 작은 목표를 갖게 된 것이 불안과 망설임을 몰아낸 것입니다.

유사시에 일하는 법

돈 관리에 대해서도 잦은 질문을 받습니다. 소위 재테크라고 불리는 것은 하지 않고 정기예금도 가입하지 않았어요. 작업비가 입금되는 계좌에 들어있는 돈과 생활비 계좌에 들어있는 돈이 전부입니다.

저는 뚜렷한 목표가 없으면 노력하지 못하는 성격이라 예를 들어 자동차를 사고 싶다거나 집을 짓고 싶다거나 하는 목표가 있다면 몰라도 현재 어느 쪽도 관심이 없기 때문에 적극적으로 저축하거나 돈을 늘릴 생각은 없습니다. 다만 5년 후쯤에는 학자금대출을 다 갚았으면 좋겠다고 생각하고 있습니다.

프리랜서로 일하거나 유튜버로 수익을 창출하는 것은 확실히 둘 다 불안정하고, 어느 날 갑자기 큰 수입이 없어질 가능성이 있습니다. 만에 하나 그렇게 된다면… 상상해 봤지만 역시 제 생활은 지금과 달라지지 않을 것 같아요.

이제껏 살아온 대로 새벽 5시에 일어나 육수를 내서 된장국을 만들고 뚝배기에 밥을 짓겠지요. 벽장 안을 부스럭거리며 청소하고, 지치면 근처 공원으로 산책을 나가 계절의 꽃을 즐기며 텀블러에 담아 나온 커피를 홀짝이고 있을 것입니다. 그런 나날을 유튜브에 업로드하고, 삶이 이렇게 즐거운 것이라고 끊임없이 전하고 있을 것 같습니다.

제가 미래에 대해 불안감을 느끼지 않는 또 하나의 이유는 돈을 들이지 않고도 생활을 즐기는 법을 알기 때문일 것입니다. 재미있게 살기 위해서 나에게 필요한 돈은 한 달에 150만 원이라고 구체적으로 파악하고 있으니 여차하면 다시 주 4일 아르바이트를 하면 된다고 생각하고 있습니다.

다만, 지금의 내가 이런 식으로 생각할 수 있는 건 건강하고 아직 독신이라 나 자신만 돌보면 되는 환경 덕분이라는 것을 잊지 않고 있어요.

"남자 전업주부가 되고 싶나요?"

"집안일을 좋아하는 오쿠다이라 씨는 나중에 남자 전업주부가 되고 싶나요?"라는 질문을 자주 받습니다. 제 대답은 '어느 쪽이든 괜찮다'입니다. 상대방이 원한다면 그런 선택을 해도 괜찮다고 생각합니다. 하지만 만약 전업주부가 된다고 해도 역시 제 생활은 달라지지 않을 거라고 생각합니다.

저는 저에게 있어서 중요한 것이 확실하기 때문에 제 생활방식을 무리해서 바꾸려고 하는 사람과는 오래 갈 수 없다고 생각합니다. 반대로 지금의 제 사는 모습을 보고 좋아해 주는 사람과는 좋은 인연을 맺을 수 있다고 생각합니다.

자, 그럼 만약 아이가 생긴다면… 그때는 지금처럼은 살 수 없을지도 모릅니다. 생활방식은 당연히 달라지겠지요. 하지만 사고방식과 삶에 대한 태도는 달라지지 않을 거라고 생각합니다.

나의 욕망에 충실하게, 나의 밤놀이

식감을 남기고 싶어서
큼직하게 잘랐어요

저녁을 먹은 후 설거지를 마치고 이제 잠옷으로 갈아입고 잘 일만 남았을 때 갑자기 내일 아침은 잼을 바른 빵을 먹어야겠다는 생각이 떠올랐습니다. 하지만 정작 잼을 만들 사과가 없네요.

안절부절못하다가 겉옷을 걸치고 사과를 사러 달립니다. 집에 돌아와서 바로 잼 만들기 시작. 달콤한 사과 향을 맡으며 집중해서 껍질을 벗기고 자잘하게 썰어줍니다. 믹서기로 갈아서 잼 전용 작은 유리냄비에 옮겨 담고 보글보글 끓입니다.

거품은 건져내고 타지 않게 가끔씩 저어줍니다. 내일 아침에 먹을 걸 생각하거나 스마트폰으로 영상에 달린 댓글을 읽으면서 잼을 조리고 있는 이 시간은 저에게 최고의 릴랙스 타임. 술을 좋아하는 사람의 '자기 전 한잔'과 같은 것일지도 모릅니다.

이번에는 가볍게 갈아줍니다

이렇게 냄비를 지키고 서 있는 시간이 좋아요

일주일 안에 다 먹어버릴 것 같아요

사과잼 레시피

〔재료〕

사과 500g, 사탕수수 설탕 250g 이상, 레몬즙 1작은술

〔만드는 법〕

껍질을 벗겨 잘게 썬 사과를 믹서에 간다. 작은 냄비로 옮겨 담고 설탕과 레몬즙 1작은술을 넣고 거품을 걷어가면서 약불에서 약 40분간 조린다.

무사히 잼이 완성되면 오늘의 밤놀이는 종료. 아침에 이 잼을 빵에 발라서 한입 가득 베어 무는 상상을 하며 침대로 들어갑니다.

잼을 만드는 저만의 요령은 설탕을 과일 무게의 반 이상 넣는 것, 그리고 끓일 때 레몬즙을 1작은술 넣는 것입니다. 딸기, 감 등 어느 과일이든 마찬가지입니다.

라벨에 잼 종류와 만든 날짜를 적어 붙여둡니다

그리고 제 요리에 빼놓을 수 없는 것이 파워블렌더 '바이타믹스'입니다. 잼을 만들 때 외에 수프, 케이크, 스무디를 만들 때도 활약하고 있습니다. 과일과 채소의 신선한 향은 그대로 남기고 열에 약한 영양소를 파괴하지 않고 부드럽게 갈아줍니다.

잼을 만들 때 생과일을 몇 초 갈아주는 것만으로도 가열하는 시간을 단축할 수 있습니다.

여름이 되면 매일같이 이걸로 아이스크림을 만듭니다. 제일 마음에 드는 것은 바나나 아이스크림. 얼음, 비스킷, 꿀, 바나나를 적당히 넣고 60초간 돌리면 건강한 아이스크림이 완성됩니다. 30초만 돌리면 아삭아삭한 셔벗이 되고요. 가격대는 있었지만 과감하게 구입하길 정말 잘한 것 같습니다.

사랑하는 앙버터 토스트

아침부터 단팥소 만들기. 빨리 토스트에 올려서 먹고 싶어요.

너무 많이 만들어 버렸네요.

버터를 듬뿍 발라 한입 덥석.

정기적으로 먹고 싶은 충동이 생기는 음식 중 잼을 바른 빵과 쌍벽을 이루는 것이 앙버터 토스트입니다. 집에 팥이 없으면 밤이라도 마트로 달려갑니다.
팥을 하룻밤 물에 담가두었다가 아침에 일어나자마자 단팥소를 만들기 시작합니다.
갓구운 토스트에 버터를 바르고 갓 만든 단팥소를 듬뿍 올립니다. 그리고 약간 씁쓸한 커피를 함께 마셔요.
단팥소는 냉장고에서 1주일간은 보관할 수 있지만, 만들면 바로 간식으로도 먹어버리는 탓인지 늘 3~4일이면 없어져 버립니다. 이유 없이 앙버터 토스트가 먹고 싶어지는 것은 제가 아이치 출신이기 때문일까요.

단팥소 레시피

〔재료〕
팥 200g, 사탕수수 설탕(비정제원당) 250g

〔만드는 법〕
팥을 물에 하룻밤 담가둔다. 팥이 잠길 정도의 물을 붓고 중불에서 끓이다가 팔팔 끓으면 물을 버린다. 다시 한번 팥이 잠길 만큼 물을 붓고 중불에 올린다. 끓기 시작하면 약불로 줄이고 거품을 걷어내면서 1시간 반 정도 조린다. 소쿠리에 건져 올려서 물기를 뺀다. 팥을 냄비에 옮겨 약불에 올리고 설탕을 뿌린다. 뭉개지거나 타지 않도록 조심하며 설탕이 녹을 때까지 섞는다.

탁탁탁, 사각사각. 일상 속의 음악

저는 집에서 거의 음악을 듣지 않습니다. 텔레비전도 라디오도 없기 때문에 평상시에는 소리가 없는 생활을 하고 있다고 할 수 있습니다.

이렇게 쓰고 나니 무척 쓸쓸해 보이지만, 매일 생활 속에서 귀를 기울이면 다양하고 기분 좋은 소리가 도처에 존재하고 있다는 것을 눈치챌 수 있습니다.

도마에 칼질할 때 탁탁탁 리드미컬한 소리, 채소를 썰 때 사각사각 기분 좋은 소리, 죽이 끓을 때 보글보글 맛있는 소리.

그 밖에도 통후추를 갈 때 드륵드륵 소리, 커피를 내릴 때 유리 용기에 커피가 '똑' 하며 떨어지는 소리, 자석홀더에 칼이 찰카닥 붙는 소리 등, 예를 들려면 끝이 없습니다.

저는 생활 속의 이런 소리들을 음악처럼 즐기며 삽니다.

기분 좋은 소리 덕분에
저도 모르게 많이 갈아버려요

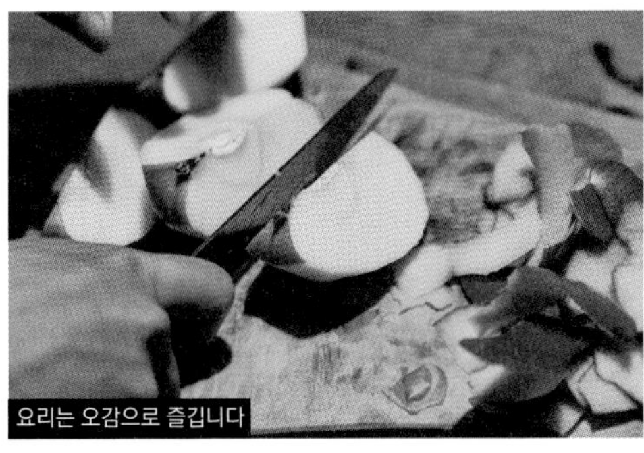

요리는 오감으로 즐깁니다

윗집 사람과 친해지다

아파트 위층에 사는 사람이 종종 저희 집에 찾아옵니다. 남의 집을 카페나 뭐로 착각하고 있는지 갑자기 찾아와서 먹고 싶은 것을 주문합니다. 한밤중에도 아랑곳하지 않아요. 일찍 자고 일찍 일어나는 저로서는 심야에, 게다가 갑자기 찾아오는 것은 솔직히 괴롭습니다. 하지만 그의 방문은 저도 모르게 환영하게 됩니다.

다소 안하무인 이 친구와의 만남은 제가 이 집에 이사 오던 날로 거슬러 올라갑니다. 현관에서 집 안으로 짐을 운반해 들어오려고 하는데 어머니가 누군가와 이야기를 하고 계셨어요. 이야기를 듣자니까 위층에 살고 있는 같은 아파트 주민이라는 것이었습니다. 가볍게 인사를 하고 다시 정리하러 들어가려고 하는데, 자기가 차를 갖고 있으니 도쿄를 안내해 주겠다고 하더라고요. 저는 예의상 하는 말이라고 생각하며 받아넘기고 다시 이삿짐 옮기는 작업으로 돌아왔습니다.

하지만 그 후로 거의 매일 저녁 퇴근길에 창문을 노크하면서 "맛있는 라면집이 있는데 같이 가자"고 권하는 것이 아니겠어요?

저는 당황했습니다. 위층에 산다고는 하지만 어떤 사람인지도 아직 모릅니다. 어쩌면 수상한 사람일지도 모릅니다. 하지만 관계를 악화시키고 싶지 않았기 때문에 되도록 정중하고 신중한 말을 골라서 계속 거절했습니다.

남의 집에서 너무 편안하게 있는 이 사람

오늘 밤은 고기구이 파티. 맥주로 건배

그런데도 반년에 걸쳐서 웃는 얼굴로 계속 권유하는 그에게 미안함을 느꼈던 저는 어느 날 밤, 결심하고 그와 함께 라면을 먹으러 갔습니다. 이야기를 나누다 보니 축구와 영화 등 공통의 취미가 있다는 것을 알게 되었습니다. 대화가 무르익으면서 완전히 의기투합해 버렸습니다. 라면 가게를 나올 때는 어깨동무를 할 정도의 기세였습니다.

그날부터 우리는 서로의 집을 오가게 되었습니다.

점괘를 두 번 뽑았지만 두 번 모두 대흉이 나온 그

아침을 먹고 함께 영화를 보러 갑니다.

미스터칠드런의 노래를 열창 중

지금 그는 여기에서 도보로 5분 걸리는 곳으로 이사했지만 여전히 자주 놀러 옵니다. 그가 집에 왔을 때는 부엌에서 이야기를 하면서 요리를 합니다. 매운 파스타, 아스파라거스 볶음, 오코노미야키. 그의 요청으로 고기를 구워 먹을 때도 있습니다. 고기 굽는 건 방에 냄새가 배어서 그다지 하고 싶지 않지만, 그의 부탁에는 약해져서 바로 OK하게 됩니다.

근처에서 축구를 하거나 함께 노래방에 가거나 드라이브를 즐깁니다. 올해 정월에는 참배도 함께 갔어요. 최근에는 저희 집에서 함께 아침을 먹은 후 그의 차로 조조 영화를 보러 갔습니다.

그가 등장하는 영상은 왠지 무척 인기가 있어요. "서로 어떻게 알게 되었나요?"라든지 "사이 좋은 친구가 있는 게 부러워요"라는 말을 듣습니다. 저도 설마 이런 만남이 있으리라고는 생각지도 못했어요. 아마 이 집이 운이 좋은 집인 것 같습니다. 저도 그럭저럭 사교적인 성격이라고는 생각하지만 이런 식으로 누구와 사귈 수는 없을 것 같습니다. 그와 친해진 것은 전적으로 그의 붙임성 있는 성격과 강한 의지 덕분입니다. 친구야, 고맙다.

아직은 칼갈이 수업 중

손에 쥐고 있는 것이 과도,
그 옆이 우도식칼

지금 제가 사용하고 있는 칼은 글로벌의 과도와 후지지로의 우도식칼입니다. 채소와 과일 껍질을 벗길 때나 얇게 써는 등의 세밀한 작업을 할 때는 과도, 고기나 생선을 다룰 때는 우도식칼을 사용하는데, 사실 기분에 따라서도 달라지기 때문에 엄밀하게 구분해서 쓰는 것은 아닙니다.

우도식칼은 7년 전에 제가 처음 산 칼입니다. 그때까지 사용하던 칼과는 달리 정말 잘 들어서 요리의 식감과 외관상의 마무리가 현격히 좋아졌습니다. 도구로 인해 요리 맛이 이렇게 달라질 수 있다는 것에 감격했습니다. 이때의 만남으로 장래에 직접 주방도구를 디자인해 보고 싶다는 생각을 하게 된 것입니다.

숫돌을 향해 칼날을 45도 기울여서

뒤집어서 반대쪽도 갈아줍니다

올 스테인리스인 글로벌의 과도는 견고하며 칼날과 자루가 일체형이라 설거지하기 쉬운 것이 마음에 듭니다.
칼은 한 달에 1~2번 정도 숫돌을 사용하여 갈고 있습니다. 입자가 굵은 중간 숫돌로 다듬은 다음 완성용 숫돌로 칼이 더 잘 들게 마무리하는데, 이게 좀처럼 잘되지 않습니다. 칼의 각도가 안 좋은 건지 힘 조절을 못 하는 건지 생각대로 마무리되는 경우가 거의 없고, 기분 탓인지 갈면 갈수록 칼이 더 안 드는 것 같습니다.
전동 칼갈이나 샤프너와 같이 편리한 것도 있지만, 지금 목표는 그런 것을 쓰지 않고 숫돌로 잘 가는 것입니다.

칼은 보통
자기 전에 갈아요

고군분투 중입니다

조금씩 연습해서 못했던 것을 할 수 있게 되는 것도 생활의 즐거움 중 하나. 숫돌에 식칼 갈기는 아직도 수업 중입니다.

자기 전 3시간은 간접조명을

저는 18살 때까지만 해도 불면증 경향이 있었습니다. 새벽녘까지 잠들지 못하다 보니 일어나도 피곤이 풀리지 않을 때가 많았어요. 잠이 오지 않는 밤에는 이불 속에서 스마트폰을 만지작거렸는데, 그러면 눈은 더 말똥말똥해지고 결국 잠이 부족한 채로 아침을 맞이했습니다. 본가에 살던 때는 동생과 같은 방을 썼기 때문에 무의식중에 신경을 많이 썼을 수도 있습니다.
혼자 살게 되면서 불면증은 조금 나아졌지만, 그래도 잠들 타이밍을 놓치면 좀처럼 잠들지 못하는 건 예전과 다름없었어요.

그런데 지금 집으로 오고 나서는 웬일인지 잠을 푹 잘 수 있게 되었습니다. 원래 이 집의 조명은 따뜻한 색 전구였는데, 저는 더 부드러운 빛을 원했고 앤틱 전등갓을 사용하고 싶었기 때문에 백열전구로 갈아 끼웠습니다. 따스함이 느껴지는 부드러운 불빛으로 바꾼 덕분에 순조롭게 잠들 수 있게 되었는지도 모릅니다.

조명과 수면이 관계가 있다고 생각한 저는 백열전구의 와트 수를 60W에서 40W로 낮췄고, 부엌 조명도 백열전구로 바꾸고 싱크대 위의 형광등은 쓰지 않기로 했습니다. 그러자 잠들기가 쉬워졌습니다. 아침에 눈도 잘 떠지고 수면의 질 자체가 향상된 느낌이 들었어요.
지금은 더 진화해서 밤에는 거실 백열등도 켜지 않고 작업 책상에 있는 스탠드의 빛을 벽을 향하게 켜서 간접조명으로 활용하고 있어요. 자기 전 3시간은 이 간접조명으로만 지냅니다. 그 덕분인지 매일 밤 9시쯤이 되면 자연스럽게 잠이 옵니다. 이것은 제 생애 첫 경험입니다. 일찍 일어나는 탓일지도 모르지만, 옛날에는 일찍 일어나는 날에도 좀처럼 잠들지 못했기 때문에 역시 조명을 바꾼 덕분인 것 같아요.

수면에 집중하고 싶어서
침대 헤드에는 안경과 시계만 놓습니다

폭은 10cm 정도. 자연스럽게 둘 수 있는 물건이 제한됩니다

10대 시절의 저는 성질이 급하고 화를 잘 내는 성격이었는데, 지금 돌이켜보면 그것도 수면 부족과 관계가 있었던 것 같습니다.
침대는 심플한 다리가 달린 매트리스를 사용하고 있습니다. 안경을 놓을 수 있도록 DIY로 침대 헤드를 만들어 벽과 침대 사이에 두었습니다.

짧게 경험해 본 대만 생활

방에 준비되어 있던 커피에서는 독특한 맛이 났습니다.

지금은 일본에서 살고 있지만 언젠가 해외에서 살아보고 싶다고 남몰래 생각하고 있습니다. 그 연습으로 작년에 대만에서 5일간 생활해 보았어요.

에어비앤비를 통해 현지에서 아파트를 빌렸습니다. 거기서 식사, 세탁, 청소를 하면서 지냈습니다.

여행 친구는 반년쯤 전에 다른 친구의 결혼식에서 만난 타카스 군입니다. 그가 함께 여행이라도 가자고 이야기했지만, 사실 그와 만나는 것은 이번 여행이 2번째. 평소 같으면 주저했겠지만, 그와는 만난 그날 이미 친해졌습니다. 소탈하고 다정한 사람이라서 아무런 걱정도 없었습니다.

대만의 도시 타이베이에 도착한 것은 밤이었습니다. 아파트에 짐을 풀고 바로 근처 시장으로 물건을 사러 나갔어요.

처음 보는 감자같이 생긴 자주색 채소부터 소송채와 닮은 듯 닮지 않은 나물 등, 알록달록한 채소를 보니 가슴이 뛰었습니다. 맛있어 보이는 채소를 몇 개 구입. 타이베이에 오면 꼭 가려고 마음먹었던 대형 슈퍼마켓으로 이동하여 그곳에서만 파는 건면과 희귀 조미료, 바게트, 달걀 등 각종 식재료를 구입했습니다.

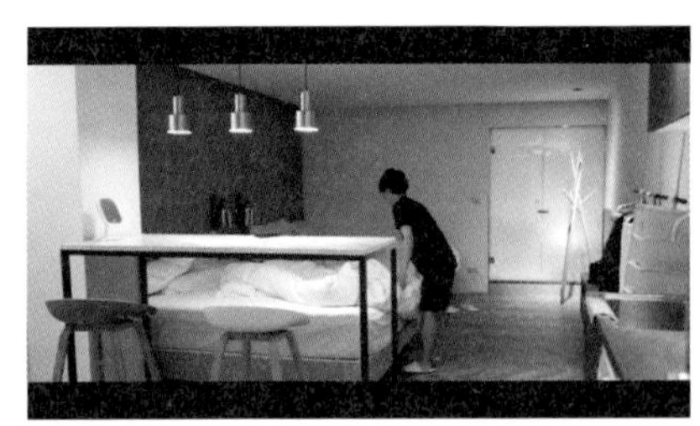

넓고 깨끗한 방. 인테리어도 멋졌어요.

빨래는 실내에 있는 드럼세탁기에서 합니다.

저에게는 최고의 놀이동산이었습니다. 혼자 왔으면 분명히 몇 시간은 돌아다녔을 거에요.
하룻밤이 지난 이른 아침, 먼저 일어난 제가 아침을 준비했습니다. 바게트, 달걀프라이, 캠벨의 단호박 통조림을 베이스로 얇게 썬 감자를 더한 수프. 첫날 아침은 대만의 풍미는 보류입니다.
평소 아침에 비하면 간소하지만 타카스 군은 계속 맛있다고 외쳐주었습니다.

취두부. 맛의 특징이 강렬했습니다.

토림 야시장에서 먹은 루로한. 대만에 가면 꼭 먹어보려고 다짐했던 음식입니다.

놀이기구를 즐기듯이 마음이 끌리는 식재료를 차례로 집어들었습니다.

셋째 날 아침에는 돼지고기 샌드위치와 스크램블드에그를 만들었어요.

아침 식사 후 타이베이시를 한눈에 볼 수 있는 상산과 초고층 빌딩인 타이베이101 등을 둘러보았습니다. 저녁도 아파트에서 만들어 먹을 예정이었기 때문에 관광 후에는 서둘러서 귀가. 저에게 이번 여행은 대만 여행이라기보다 대만에서의 생활이 목적입니다.

저녁은 어제 마트에서 구입한 사차장(沙茶醬)이라는 조미료를 넣고 닭고기와 채소가 듬뿍 들어간 쌀국수 볶음인 구운 비흔을 만들었습니다. 타카스 군의 요청으로 면은 많이 익히지 않았어요. 채소는 당근 이외에는 시장이나 슈퍼에서 산 낯선 것들을 넣고 적당히 볶았습니다. 아, 그래도 공심채는 알겠더라고요.

마지막에 사차장을 약간. 대만의 대중적인 조미료인 사차장은 어패류를 베이스로 마늘과 참깨, 향신료, 기름 등을 섞어서 푹 끓인 것이라고 합니다. 알싸한 매운맛이 나는 쌀국수 볶음 완성입니다.

저녁 식사 후에 타카스 군이 설거지를 했습니다. 저는 물기 닦는 것을 담당. 친구와 함께였지만 평소 일본에서 하는 것 같은 생활을 다른 나라에서 하고 있다는 것만으로도 '살림 덕후'인 저는 신이 났습니다.

타이베이 북부의 항구도시 단수이. 느긋한 공기가 흐르고 있어요.

현지에서 구한 재료로 둘째 날 저녁에 만든 구운 비흔

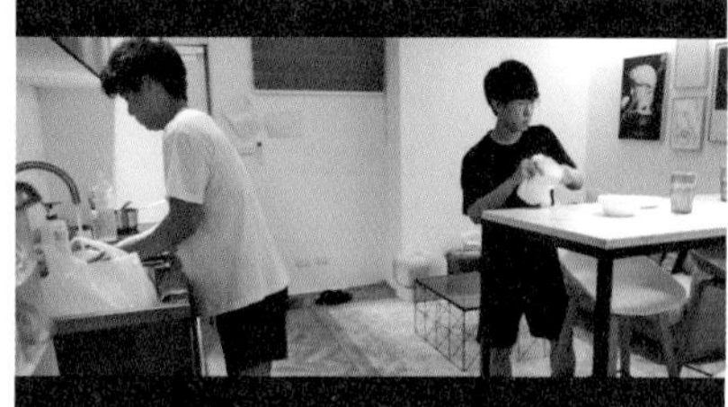
둘이서 함께한 설거지. 일본에서도 보기 힘든 풍경이네요.

대만 시청자와의 만남

대만 생활 4일째. 이날도 아침부터 관광. 스펀에서는 소원을 적은 풍등을 날리고, 고양이 마을로 유명한 허우통에서는 고양이와 장난도 치고, 아름다운 거리 지우펀으로 향했습니다.

그리고 지우펀으로 가는 도중, 역에서 한 만남이 있었습니다. 제 유튜브 구독자 중에 대만에 사는 첸 씨라는 분이 계셨어요. 제가 대만에 간다고 하자 "괜찮으시면 저희 버블티 가게에 들러주세요"라는 메시지를 보내주셨어요. 해외에 계신 구독자와 만나는 것은 처음이라서 정말 기대가 되었습니다.

역에 도착해서 가게를 방문했는데 첸 씨가 마중을 나와 주었습니다. 늘 유튜브를 시청해 주셔서 감사하다는 말을 전하고, 제 채널을 알게 된 계기와 감상 등을 들었습니다. 버블티를 잘 대접받았고, 헤어질 땐 선물까지 챙겨주셨습니다. 게다가 지우펀행 택시까지 불러주셨습니다. 목적지에 도착했을 때 기사님께서 "택시비는 아까 받았어요"라고 하실 때는 은혜를 어떻게 갚아야 할지 몰라 머리를 감싸 쥐었습니다.

첸 씨, 다음에는 일본으로 놀러 오세요. 저희 집에서 있는 힘껏 대접하고 싶습니다.

첸 씨, 정말 감사해요!

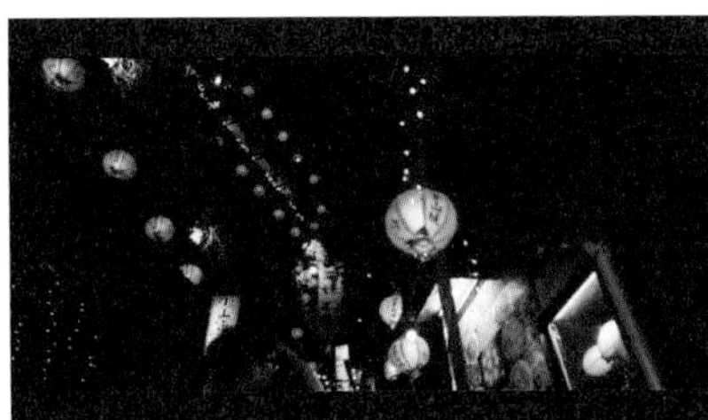

지우펀. 오래된 여관에 등불이 켜진 환상적인 광경

사림 야시장에서 먹은 소룡포

후기를 대신하여. 이번 1년과 앞으로의 일

2019년 2월에 올린 유튜브 영상을 계기로 지난 1년 동안 믿을 수 없는 일들이 연이어 일어났습니다. 전문학교 졸업 후 계속 아르바이트를 할 생각이었던 저는 영상 덕분에 유튜버로 활동하게 되었습니다. 3월에는 유튜브 영상을 본 기업에서 영상 제작을 의뢰해 주셨습니다. 7월에는 제 생활상을 소개하는 TV프로그램이 방영되었습니다.

8월이 되자 염원했던 주방도구 디자인에 관한 의뢰가 들어왔고, 9월에는 YouTube NextUp 2019에 선정되어 멋진 동료들과 만날 수 있었습니다. 이 책의 출간 제안도 그때쯤 받은 것 같아요. 11월에는 또 제 영상을 본 기업으로부터 오리지널 커피 개발에 대한 이야기가 있었습니다.

인생에 몇 번의 전환기가 찾아올지는 알 수 없지만, 지난 1년은 제 인생에 있어서 그야말로 전환기라고 할 수 있는 1년이었습니다.

앞으로 또 어떤 일이 벌어질까요.

업무적인 면에서는 공간 디자인이나 상품 패키지 디자인 등을 다루고 싶습니다. 작년에 뒤늦게 팀워크의 즐거움에 눈을 떴기 때문에 영상 크리에이터로서 언젠가 단편영화도 찍어보고 싶습니다.

개인적으로는 자연이 풍요로운 땅에서 직접 기른 채소로 요리하는 것을 꿈꾸고 있고, 언젠가 해외에서도 살아보고 싶습니다.
그리고 이 집에서 하고 싶은 일도 아직 많습니다. 지금은 베란다를 어떻게 활용할지 생각하고 있어요. 긴 화분을 놓고 허브나 토마토나 오크라를 키우는 것도 괜찮을 것 같고, 관엽식물들로 가득 채워서 미니 식물원을 만드는 것도 좋을 것 같습니다. DIY로 우드덱을 만들어서 카페처럼 꾸며도 되고, 가끔 찾아오는 고양이를 (초비라고 불러요) 위한 놀이터를 만드는 것도 즐겁겠죠. 생각하는 것만으로도 두근두근합니다.
마지막으로 다시 한번. 항상 OKUDAIRA BASE를 시청해 주셔서 감사합니다. 영상에 달아주시는 여러분의 소감이나 격려, 솔직한 의견도 기대하겠습니다. 여러분이 계셨기에 지금까지 이렇게 영상을 계속 올릴 수 있었던 것 같아요. 그리고 이 책을 통해 처음으로 저에 대해서 알게 되신 여러분, 이 책을 읽고 일상을 좀 더 즐겨보자고 생각하셨다면 저자로서 그보다 더 큰 기쁨은 없겠습니다.
앞으로도 유튜브를 비롯한 여러 가지 수단을 통해서 저의 기본인 '일상의 즐거움'을 여러분께 전달하고 싶습니다. 한 분이라도 더 많은 분들과 그 즐거움을 공유할 수 있다면 좋겠습니다.

디자인	芝 晶子(文京図案室)
촬영	中垣美沙
영상캡처	奥平眞司
교정	ケイズオフィス
기획·편집·취재	斯波朝子(オフィスCuddle)

25세, 도쿄, 1인가구, 월150만원
홀가분하게 즐기는 의식주

펴낸날 | 2023년 6월 30일
지은이 | 오쿠다이라 마사시
옮긴이 | 김수정
펴낸곳 | 윌스타일
펴낸이 | 김화수
출판등록 | 제2019-000052호
전화 | 02-725-9597
팩스 | 02-725-0312
이메일 | willcompanybook@naver.com
ISBN | 979-11-85676-73-9 13590

* 잘못된 책은 구입하신 곳에서 바꿔드립니다.